U0179435

低碳清洁能源科普丛书

庞 柒 主编

乌金王国

陈健翔　编著

吕毅军　邢爱华　杜万斗　科学指导

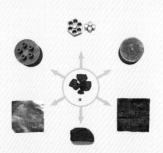

科学普及出版社

·北 京·

图书在版编目 (CIP) 数据

乌金王国 / 陈健翔编著 . -- 北京 : 科学普及出版社 ,2021.12
（低碳清洁能源科普丛书 / 庞柒主编）
ISBN 978-7-110-10407-1

Ⅰ . ①乌… Ⅱ . ①陈… Ⅲ . ①煤炭资源 – 普及读物 Ⅳ . ① TD82-49

中国版本图书馆 CIP 数据核字 (2021) 第 266857 号

策划编辑	秦德继	徐世新
责任编辑	薛菲菲	向仁军
责任校对	吕传新	
责任印制	李晓霖	

出　　版	科学普及出版社	
发　　行	中国科学技术出版社有限公司发行部	
地　　址	北京市海淀区中关村南大街 16 号	
邮　　编	100081	
发行电话	010-62173865	
传　　真	010-62173081	
网　　址	http://www.cspbooks.com.cn	

开　　本	710mm × 1000mm　1/16
字　　数	151 千字
印　　张	8.5
版　　次	2021 年 12 月第 1 版
印　　次	2021 年 12 月第 1 次印刷
印　　刷	北京瑞禾彩色印刷有限公司
书　　号	ISBN 978-7-110-10407-1/TD·8
定　　价	98.00 元

低碳清洁能源科普丛书
编委会

序
期待煤炭华丽转身

人类的任何活动，包括衣食住行等方方面面，都在不同程度地产生碳排放。

碳排放是温室气体排放的总称。温室气体指的是大气中能够吸收地面反射的太阳辐射，并重新产生辐射的一些气体，包括二氧化碳、甲烷、氧化亚氮、氢氟碳化合物、全氟碳化合物、六氟化硫等，其中最主要的就是二氧化碳。

大气中的温室气体包裹着地球，如同给地球穿了一件棉袄，使地球变得更暖和。有科学家计算过，如果没有温室气体的自然温室效应，地表的平均温度将会是 –19 摄氏度，而不是适合人类生存的 14 摄氏度。从这样的角度来看，温室气体原本曾是地球文明的守护者。但随着文明的进步，人类活动所产生的碳排放不断产生越来越多的温室气体，以至于让地球表面的这件"棉袄"越变越厚，终于厚得令我们不堪重负。因温室效应加剧导致的环境恶化，正一步步威胁着我们赖以生存的家园。

2020 年 9 月 22 日，习近平总书记在第七十五届联合国大会一般性辩论上发言，明确宣示了中国为应对全球气候变化，努力减低碳排放的决心——力争于 2030 年前实现碳达峰，努力争取 2060 年前实现碳中和。在构建人类命运共同体的征程上，体现大国担当的中国，已坚定地吹响了与碳排放大决战的进军号角。碳排放、碳达峰、碳中和，普通老百姓生活中一度陌生的名词，如今已经成为华夏大地街谈巷议的热门话题，这一切也将在可以预见的未来改变我们的生活。

实际上，纵观整个人类文明的进程，碳排放从远古至今就从未停止过。在人类的祖先学会使用火后，柴薪作为历史长河中最早使用的主要燃料，不仅点燃了人类的文明之火，也照亮了社会的发展之路。在人类长达几十万年燃烧柴薪的早期碳排放经历中，一直没有惹出麻烦，因为植物的光合作用可以轻松吸收大量二氧化碳，令地球环境对农耕时代及更早年人类活动所造成的碳排放有着足够的承载能力。但近两百年以来，人类社会发生了翻天覆地的变化，从 18 世纪的工业革命开始，机器大生产取代了传统手工业，在这个变革过程中，煤炭一度凭借较高的燃烧效率，迅速成为支撑工业化社会进步的主导能源。而众所周知的是，英国工业革命时期，燃烧的大量煤炭在产生巨大经济效益的同时，也向环境排放了环境难以承受的大量二氧化硫与烟雾颗粒，以至于英国首都伦敦在当时经常被黑雾、毒雾笼罩，得到了"雾都"之名。英国小说家查尔斯·狄更斯（Charles Dickens）在他的小说《雾都孤儿》里是这样描述当时伦敦的那道"风景线"的："夜色一片漆黑，大雾弥漫。店铺里的灯光几乎穿不过越来越厚浊的雾气，街道、房屋全都给包裹在朦胧混浊之中，这个陌生的地方在奥立弗眼里变得更加神秘莫测，他忐忑不安的心情也越来越低沉沮丧。"据记载，仅 1952 年 12 月 5—9 日，伦敦烟雾事件就导致了 4000 人死亡。

从 19 世纪初的煤炭，到 20 世纪中期开始的石油，化石能源成为人类进入工业时代以来最主要的能源。人类文明在化石能源的燃烧中踏入了 21 世纪，同时燃烧化石能源也无可避免地将远超地球承载能力的温室气体排放到身边各种环境中。与工业革命开启的 18 世纪中叶相比，地球大气中的二氧化碳浓度现在已飙升了近四成。日积月累之下，人类在工业时代为拉动经济突飞猛进过程中，欠下了地球生态环境一笔碳排放巨债。糟糕的是，如今"债主"已经逼上门来，而这笔碳排放债务的数额却还在不断增加。

碳排放债主派来地球村向人类讨债的，名叫"全球气候变暖"。科学家根据模型预测，假如人类再继续无节制地使用化石能源，容忍碳排放，那么到 2100 年，大气中的二氧化碳浓度将会进一步增加，环境会不断恶化，全球气温将平均提高 3~5 摄氏度。而且，"全球气候变暖"并不是独自找上门来的，它还有个讨债搭档，叫作"海平面上升"。

海平面上升是指由全球气候变暖、极地冰川融化、上层海水变热膨胀等原因引起的全球性海平面上升现象。如果说，气温升高我们还可以暂时忍受一下，那么海平面上升对人类文明的打击则是不可承受之重。科学家预测，按照现在的状况发展下去，到 2100 年，全球气候变暖将引发海平面上升 1 米，沿海大片的土地和城市将被淹没，世界耕地总量的三分之一将受影响，直接受影响的人口高达 10 亿。

如果说，对全球气候变暖和海平面上升这种"灰犀牛"的慢吞吞到来，我们还有时间想办法按部就班地对付，那么，一些因气候问题而引发的"黑天鹅"将使人类文明随时遭到重创甚至崩溃。我们尝试来想象一下可能出现的"黑天鹅"："黑天鹅"之一，因为气候变暖导致极端天气的突袭，例如灾难性的狂风暴雨；"黑天鹅"之二，全球气温上升导致北极冰层融化，被冰封的史前致命病毒重生，瘟疫肆虐，而人类对它们却毫无抵抗力；"黑天鹅"之三，因为气候异常而引发粮食危机，为了争夺水源和食物导致战争，甚至引发能够终结人类文明的核战……因为欠碳排放的债太多所造成的环境问题中最难以提防的，还是那些穷尽我们的想象力也想象不到的，不知道将会在什么时间、什么地点、以什么形式出现的"黑天鹅"。

对于人类曾经的疯狂索取，大自然的"报复"将针对整个地球村，绝不会因哪个国家碳排放得多、哪个国家碳排放得少而区别对待。正视现实，为应对无节制碳排放惹出的麻烦，将人类文明拉出泥沼，走上可持续发展之路，世界各国唯有携手合作，发起从根本上解决碳排放问题的命运之战。这场在人类命运共同体框架下的决战，将是一场许胜不许败的存亡之战，人类必须在地球发生不可逆的环境灾难之前，实现碳达峰、碳中和。

碳达峰是指某个地区或行业年度二氧化碳排放量达到历史最高值，然后经历平台期进入持续下降的过程，是二氧化碳排放量由增转降的历史拐点。也就是说，为了未来，我们要开始对环境在碳排放上的欠债设立"天花板"，让中国的碳排放总量在 2030 年到达极点，不能再增多。

碳中和是指某个地区在一定时间内人为活动直接和间接排放的二氧化碳，与其通过植树造林等吸收的二氧化碳相互抵消，实现二氧化碳"净零排放"。这样，2060 年以后，碳排放达到"中和"，意味着我们的生产与生活将不会再对环境产生碳排放欠债。

中国是世界上最大的能源生产国和能源消费国，我们在减少碳排放上作出了积极努力。2020 年，中国碳排放强度比 2015 年下降 18.8%，超额完成中国第十三个五年规划的约束性目标，比 2005 年下降 48.4%，超额完成了中国向国际社会承诺的到 2020 年下降 40% ~ 45% 的目标，累计减少二氧化碳排放量约 58 亿吨，基本扭转了二氧化碳排放快速增长的局面。同期，中国森林覆盖率由 1949 年的 8.6% 提高到了 2020 年的 22.96%，逐步构建起碳排放的巨型回收站。

在中国，化石能源消费导致碳排放量最多，所产生的碳排放总量约 100 亿吨，其中煤炭消费就占了 75%，能源的替代更新无疑是解决碳排放问题的关键所在。中国能源的现状是"富煤、贫油、少气"。在现代化进程中，煤炭支撑起了生产与生活的能源需求，是推动经济发展的"黑色英雄"。然而，这个"黑色英雄"也是绝对的碳排放大户，时至今日，随着以碳达峰、碳中和为目标的低碳转型之战的展开，煤炭也会逐渐将自己的应用领地越来越多地让渡给日渐成熟的清洁能源。

当然，身为化石能源的煤炭不再是曾经那样的无上辉煌，但我们仍有理由相信，这个"乌金王国"不会就此崩塌，当年的"英雄"也一定不会从此"末路"，中国人的智慧足以唤醒深藏在每一块黝黑煤块中的神奇潜能，因为这是地球及祖先留给我们的一种独特财富。时代变了，祖先留下的东西自然也要变。于是，当我们将煤炭拉入碳达峰、碳中和之战，这个"乌金王国"就无疑正面临着一场广泛而深刻的系统性变革。

诚然，煤炭首先是一种碳排放很高的化石能源，是普遍认知中的一种燃料，只不过万事万物在历史长河中的作用都不是一成不变的，在治碳之战中想不抛弃煤炭这种宝贵财富，就必须拓宽视野，从根本上打破煤炭作为高碳排放燃料的认知。通过创新科技，一方面努力将高碳排放向低碳排放转化，另一方面赋予煤炭以新时代的新定义，让煤炭在被清洁能源大幅替代的明天，不至于沦为无用的顽石，从而实现华丽转身，由燃料变为优质原材料，焕发煤炭产业的第二个春天。

事实上，中国在煤炭的清洁高效燃烧方面已经做了大量的工作并且取得了巨大的成就，极大地减少了直接燃烧的煤炭消耗，转而使其成为一种新型化工原料登上社会经济发展的舞台。煤制油、煤制气等技术的成熟，将用于燃烧的煤炭变为附加值更高的原料，不仅减少了燃烧过程的碳排放量，而且可以将煤炭作为原料，直接生产出化工用品，再配合碳捕集、利用与封存技术，阶段性达到减少碳排放的目的。从长远来看，煤炭并非只有燃烧才能够"发光发热"，它是可以用来"吃、穿、用"的，通过现代煤化工技术，煤炭可以作为原料生产出甲醇、乙醇、醋酸、汽油、柴油、航空煤油、白油、烯烃、费托蜡等原材料，还可以作为含碳材料，通过物理、化学方法在碳排放很低的情况下，生产出活性炭、石墨烯、锂电池负极、电解铝阳极等新材料。

为了赢得治碳之战的决定性胜利，煤炭这个"乌金王国"必定要面临翻天覆地的自我革命，洁净其燃烧，提高其效率，降低其排放，拓宽其用途，从而完成它从一个燃料王国到原料王国、材料王国的蜕变，继续为人类文明的进步提供源源不断的资源。

治碳之战是人类文明的背水一战，也是中国煤炭寻求新生的背水一战。

战鼓擂动，号角吹响，没有退路！

低碳清洁能源科普丛书编委会

2021 年 10 月

目录

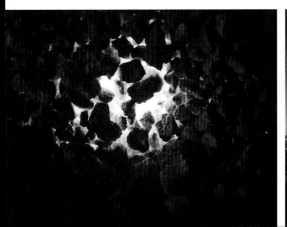

第一章
乌金王国的前世今生

　　在武侠小说读者的眼里，乌金是一种至宝，像乌金匕首、乌金刀、乌金剑等，皆是神级的宝物，得之可威震四方。武侠作家黄易在其小说《乌金血剑》里是这样描述乌金的："有一种从天上掉下来的奇异物质，埋地十万年后，通体变成乌黑而泛点点金光。时间只有百年，便会转为平凡的黑石，凡能在这百年期内采集这种异物'乌金'，配以相应的铸炼秘术，能炼成有生命和有灵性的宝剑……"

　　现实中的"乌金"似乎并不是什么稀世珍宝，它就在我们身边，时时刻刻影响着我们的生活，为我们带来各种各样的便利。

　　这种"乌金"就是"煤炭"。

　　常见并不意味着平凡。煤炭的前世今生，远比武侠小说中的乌金更加久远，更加神奇，也更加耐人寻味。它对人类文明的影响，远比武侠小说中的乌金更深、更重、更不可估量。

　　为了体验煤炭的不平凡，我们今天就对煤炭的前世今生来一次穿越时空的探索，尝试通过五个发生在煤炭身上的故事片段来重组我们对煤炭的认知。

▲ 煤

▲ 煤炭是远古植物的遗体形成的化石

▲ 远古植物吸收的阳光，最终变为煤炭的能量

煤炭是怎样炼成的

三亿年前的远古丛林里，有一棵年轻力壮的封印木。封印木长着1米多粗、20米高的魁梧身材，却被几棵三四十米高的鳞木围在中间，反而成了个胖侏儒。封印木向头顶的鳞木们桀骜地竖起两个树杈，然而大家都没将它的这种挑衅放在眼里，就连旁边几棵不起眼的蕨类，也将它的勇气当作笑话。封印木在地位上实现平等，是因为后来一次莫名其妙的气候和环境变化：丛林被上升的海平面淹没成了沼泽，植物不管高矮胖瘦，一律挨个倒下，没入泥潭……据说，后来它们都变成了煤炭。

远古的树木怎么就成了煤炭呢？

煤炭的成因

煤炭其实是一种化石，是植物遗体经过生物化学作用，又经过物理化学作用而转变成的有机矿物，是由多种高分子化合物和矿物质组成的混合物。煤炭的历史比哺乳动物的历史还要久远。在侏罗纪、三叠纪、二叠纪以前，有一个石炭纪，开始于距今3.5亿年，延续了大约5900万年。石炭纪是地壳运动非常活跃的时期，因大量的煤炭在这个时期形成而得名。也就是说，早在恐龙主宰地球之前，大陆还未漂移碰撞形成现在的模样之时，煤炭就已经存在于地球之上了。

煤炭的能量来自太阳，远古植物吸收的阳光便是煤炭能量的来源。植物死后通常会腐烂掉、被分解掉，而石炭纪的植物死后，往往会因为各种各样的原因掉进水里、泥地里，或者被其他死亡的植物或沉淀物覆盖。由于被覆盖于无氧环境中，这些植物只是部分腐烂，留下的部分变成了泥炭块。在地质力量的压迫和炙烤下，泥炭块被压榨、闷烧，变得越来越硬，最终变成了煤炭。

类似的植物变身为煤炭的故事，在石炭纪、二叠纪、三叠纪、侏罗纪、白垩纪等时期不断地发生着。故事的主角有高等植物、低等植物和微生物。当然，有了这些植物为主角，还需要各种外在条件的配合，故事才能顺利发展。这些条件包括温暖潮湿的气候等适宜植物大量繁殖生长的自然条件，沼泽等能够将植物遗体保存和聚集起来的场所，将植物深埋的地壳沉降运动，等等。

不同的植物来源、不同的环境与地质条件、不同的地区、不同层次、不同年代等各种不同的条件，生成了我们现在所看到的各种各样不同的煤炭。

这些不同的煤炭在地底下沉睡了亿万年之后，终于等到了替它们解开封印的人类。

解开乌金的封印

公元前 279 年，楚国郢都城内龙桥河边一个青铜小作坊里，工匠景氏正在发愁生意太差。景工匠一边向妻子抱怨，一边从石涅（即煤炭）堆里挑了一块最黑、最硬的石涅，他要为心爱的女人雕一支发簪。城里的铁作坊越来越多，景工匠青铜作坊的生意每况愈下。倒霉的是，越是生意差，景工匠就越是掏不起买材料的钱，不

▲ 煤晶原石吊坠

▲ 无烟煤制作的工艺摆件

得已只好用了从山里捡回来的石涅替代木炭，结果冶炼出来的青铜杂质多、成色差，这下更难找到买家了……次年，发生了白起拔郢之战，景工匠因擅雕石涅饰品，举家被秦军迁徙入秦，保存了性命，他的那些铁匠铜匠朋友们，据说都没躲过这场浩劫。

被称作石涅的煤炭，怎么就成了古人的饰品呢？

煤雕和英国宝石

煤炭最早的用途，还真的就是被用作煤雕。

在古代，中国人将煤炭称为石涅、石墨、石炭、燃石、山炭、炭等，到了宋代以后才称为煤。战国典籍《山海经》中就有多处关于煤炭的记载。例如《山海经·西山经》中记载："西南三百里，曰女床之山，其阳多赤铜，其阴多石涅，其兽多虎豹犀兕。"这里的"石涅"指的就是煤炭。

中国人最晚在新石器时代就已经发现煤炭可以用来雕刻。这种被用作雕刻材料的煤炭质地细密且韧性大，被称为煤玉或煤精。在考古活动中，中国已经发现了许多从新石器时代到周代的煤炭雕刻制品，包括土炭精环、土煤玉玦等。1977年，在荥经县古城坪墓葬中就发现了两件战国晚期炭精发簪。

在欧洲，开始于公元前27年的罗马帝国将战火燃至不列颠，罗马人在英国的土地上发现了一种黑色的矿石，于是将它们雕琢打磨成首饰。这些首饰很快就成为罗

▲ 煤雕

▲ 马可·波罗雕塑

▲ 中国古人冶炼金属

马市民的时尚装扮,而黑色矿石则被称为"英国宝石"。

奇怪的是,英国宝石不但漂亮,而且易燃。现在我们知道它其实就是一种纯煤的煤精,易燃就理所当然了。后来,罗马人开始将煤炭用作燃料。只不过,当时烧煤似乎只是罗马人的专利,罗马人撤离之后,英国人并没有将烧煤这个习惯延续下去。

燃起煤炭的第一缕烟火

人类燃烧煤炭的时间,要比雕刻煤炭晚很多。

元朝初年,意大利旅行家马可·波罗(Marco Polo)来到中国,生平第一次看到了用煤做燃料,于是将这件"趣闻"写进了他的游记。当欧洲人从《马可·波罗游记》里看到中国有一种黑色石头,能够燃烧,着起火来像木柴一样,而且终夜不灭,都觉得新奇有趣。

汉魏时期是中国用煤炭做燃料的第一个高峰。隋唐以后,煤炭开采范围继续扩大。到宋朝时,都城汴京竟出现"尽仰石炭,无一家燃薪者"的景象。

时间继续前移。1961年,河北文物工作队在燕下都(今河北省易县东南高陌村一带）考古遗址中发现了炼铜渣、残刀币、币范和焦渣等物，证明在 2000 多年前的战国时期，燕国都城已经有人在使用煤炭炼铜铸器。

时间还可以更久远吗？ 2015 年 8 月，考古学家在新疆尼勒克县吉仁台沟口遗址考古时发现了人类燃烧煤炭的痕迹，当时的吉仁台沟口古代人群已经以煤炭来取代柴薪用作取暖煮食，中国人的燃煤历史被推前到了距今约 3600 年以前。目前，这里是世界上已发现的最早使用燃煤的遗存。

煤炭用作取暖煮食之余，还可以有更多的用途。考古发现证明，从汉代开始，中国人开始将部分烧制陶器的燃料改为煤炭。唐宋时期，烧陶业已是柴煤并重。

在人类与煤炭的历史里，真正解开乌金封印，让煤炭大放异彩的，还是将它用作冶铁。在公元前 200 年左右的西汉，中国人已经用煤炭作燃料来冶铁。至少在魏晋时期，中国就有了用煤冶铁的明确记载。同样的事情，在欧洲要大约 1700 年之后才发生。到北宋时期，陕西、山西、河南、山东、河北等地已大量开采煤炭，作为冶铁原料和家用燃料。

▲《天工开物》里的煤矿插图

中国古代煤的故事

在古代，中国人对煤炭有着很深的认识。

为了让煤炭燃烧得更旺，古人想出了许多高招。例如，烧煤的时候掺水，使炉温上升，《天工开物》是这么记载的："炎平者曰铁炭，用以冶锻。入炉先用水沃湿"。又如，在炉火中加盐，可"引地炉煤火旺"。

古人还懂得加上黏合剂将煤做成煤饼，以便于通风。这种煤炭成型加工工艺，最晚在汉代已经产生。到南北朝时，甚至出现了香煤饼。

以煤制焦是中国古代煤炭科技的一大成就。大约从唐代开始，中国人便尝试将煤炭先烧炼一下，令之熟，并除去烟气，

▲ 《天工开物》插图　　　▲ 卖炭翁雕像

然后用作燃料。

　　特别值得人们敬重的是煤炭的人文情怀。"但愿苍生俱饱暖，不辞辛苦出山林"讴歌了煤炭为天下老百姓的温饱而不畏被人们从深山老林里开采出来，焚烧自己的身体，给人间带来温暖。"可怜身上衣正单，心忧炭贱愿天寒"寄托了对卖炭翁的同情，也鞭挞了剥削阶级的残酷一面。更有意思的是，古人还将煤炭用作治病的药材。宋代张锐的《鸡峰普济方》里就有用乌金石入药的记载。明代李时珍的《本草纲目》中更加详细地说明了煤的气味、药性、主治等，列出了用煤入药医治疾病的各种药方。

　　古代有那么多对煤炭的称呼，后来怎么就变成"煤炭"二字呢？原来，人们一般将碎屑煤末称为煤，成块的称为炭，合起来就称为煤炭。当然，也有将较软的称为煤，较硬的称为炭。

　　此外，古人还发现了可以用煤制墨，用煤提炼硫黄，用煤煮盐，用煤烧石灰、砖瓦，用煤制作香料，用煤画眉化妆，等等。由此可见，煤炭在中国大地上一刻也没闲着。

乌金到底有多金

　　18 世纪末，英国伦敦近郊的一个棉纱厂，刚继承父业的年轻资本家为工厂安装了一台新式的蒸汽机，取代了原来的水车。蒸汽机以煤炭为燃料，就像是给老棉纱厂换了一个强壮的心脏，可以为棉纱制造提供源源不断的动力。然而，年轻资本家

▲ 以煤炭为代表的能源革命引发了工业革命

父亲去世的噩耗也在此时传来。咳嗽了几个月之后，老资本家终于还是没能熬过去，在伦敦的浓雾和恶臭中死去……年轻资本家一边悲伤，一边盘算着怎样安装更多的蒸汽机，燃烧更多的煤炭，增加更多的棉纱产量，才不负老资本家给自己留下的工厂。

▲ 对木炭越来越大的需求，耗费了越来越多的森林资源

煤炭到底有什么魅力，让人类仿佛被打了鸡血似的亢奋？

能源的革命者

从柴薪开始，人类文明的发展和进步便离不开能源，每一次的经济转型和飞跃都离不开能源的支撑。早期人类的主要能源是柴薪，从山林里将柴火砍伐回来，便是最好的燃料。柴薪和粮食一样，都来自土地的产出。当文明不断向前发展，不断进步，人类便发现土地资源是稀缺的，人口增长导致对能源和粮食的需求没有止境，其矛盾是不可调和的。

要能源还是要粮食，人类面临着两难选择。只有寻找到新的能源，才能改变依赖土地提供能源的局面，释放土地的压力获取更多的粮食，文明之路才能继续走下去。

于是，煤炭以革命者的姿态出现了，以煤炭为代表的能源革命也在英国发生了。

伴随着能源革命所引发的工业革命，世界很快就发生了巨变，能源、农业、工业、城市、经济等方方面面都发生了跨时代的变化。

人类社会进入了化石能源时代，煤炭也进入了它的黄金时代。

靠煤炭撑起来的大英帝国

将木柴变成木炭，是古代人类的一项伟大发明。将木头堆起来放在缺氧的环境里闷烧可以得到木炭，木炭燃烧可以释放更多热量。然而，对木炭越来越大的需求也耗费了越来越多的森林资源，这样的发展模式已经不可再持续下去。

▲ 以煤为燃料的发动机被广泛使用

▲ 过去的煤矿

▲ 煤矿是工业发展的重要支撑

▲ 煤是工业发展的重要原料

用煤炭来取代木炭，是英国称霸世界的关键一步。

13世纪，英国很多地方开始采煤。16世纪中期以前，英国人很少烧煤，因为煤烟的气味令人作呕。1306年，因为炼铁、酿酒等燃烧的煤炭"污染和腐化"了空气，英国政府甚至还颁布了禁止燃煤的法令。

16世纪70年代，英国国内用煤量剧增。到了1603年伊丽莎白女王统治的末期，煤炭已经成为英国重要的燃料。让英国人重新将煤炭捡起来扔进炉膛的原因，是人口大量增长导致燃料供不应求，砍伐导致森林面积减少，冶铁业发展导致森林毁坏，靠森林提供能源难以为继。当时的英国在科技、城市化等各方面都远远落后于它的欧洲邻居们，贸易主要靠出口毛料半成品和原料。

18世纪，为了满足煤矿抽水需要而发明的蒸汽机走出了煤矿，被推广到英国诸多行业内。这时的蒸汽发动机以煤为燃料，可以把煤炭转化为动力，它的广泛使用，犹如给英国工业安装了一个强大的"心脏"。这个"心脏"加速推动了工业流水线的运转，英国人因而需要大量的铁来建造越来越多的工厂。炼铁就需要燃烧大量的木炭，而此时英国几乎已经耗尽了国内的木材储备。为了摆脱木炭瓶颈并造出更多的铁，英国人再次将目光投向了煤炭。

要用煤炭炼出铁，就必须去除掉煤炭里面的挥发物，将煤炭烤成焦炭，方法和将木材变成木炭差不多。到了 18 世纪 80 年代中期，人类已经掌握了在铸铁的各个流程中使用焦炭的技术。当时的英国是世界上煤炭资源储备最丰富的国家，煤炭质量好且易于开采。据统计，18 世纪初，英国的煤炭总产量大约为 1500 万吨，燃烧可产生的热量与近亿亩树林生产出来的木炭相当。煤炭作为能源一经使用，英国人很快就摆脱了对木材的依赖。随后，英国就不再进口铁，转而成为世界上产铁最多的国家。

煤炭、蒸汽机、铁，这仿佛就是来拯救英国命运的"三剑客"。在它们的推动下，英国发生了翻天覆地的变化，工厂代替了手工业，生产规模越来越大，机械化程度越来越高。

1830 年，英国煤产量占了世界煤产量的五分之四。按照当时的说法，上帝不但用煤炭来寄予对人类进步的期望，还将大部分的煤炭都给了英国人。

1848 年，英国的铁产量比世界其他国家铁产量的总和还要多。英国堂而皇之地成为世界的生产中心，并且打败了当时的法国、西班牙等强国，其头号超级大国的地位一直保持到 19 世纪晚期。

美国，燃煤者和种地者的决斗

美国本来只是一片蛮荒之地，靠着煤炭的力量，它也逐渐成了一个工业化的超级大国。

▲ 依靠煤炭迅速发展起来的工业改变了英国和美国的命运

英国人当年来到北美大陆是来淘金的，意外地竟然淘到了乌金。首先，他们发现这里的森林资源特别丰富，甚至"连海边悬崖上都长着茂盛树木"。后来，他们还发现在美洲东部森林的地下，竟然埋藏着一片足足有半个欧洲那么大的煤田，煤层不但丰富，而且易于开采。

19 世纪 30 年代末开始，美国大地上相继建起了使用无烟煤的炼铁炉，铁产量不断增加，制铁工业开始走向现代化。煤、铁、蒸汽机改变命运的故事，在美国人身上又演绎了一遍。

美国北方依靠煤炭迅速发展起来，而南方却还在依靠种植园支撑经济。两种不同的经济模式在经济和政治上产生分歧，矛盾不断加剧，于是在 1861 年爆发了美国的南北战争。当时，美国北方拥有工业上的绝对优势，工业产量是南方的 10 倍，铁储量是南方的 15 倍，火器产量是南方的 32 倍，煤产量是南方的 38 倍。

在这场北方燃煤者和南方种地者的决斗中，北方取得了完胜。

南北战争之后，北方工业者们继续发挥煤炭的力量，将铁路向西修到了太平洋，美国经济从此一路狂奔直至后来成为地球村的龙头老大。

煤炭铺就的文明之路

因为煤炭，工业革命首先在英国爆发。煤炭的力量为英国铺就了一条金光大道，将英国打造成为当时世界上最强大的国家，创造了一个令人瞠目结舌的工业社会。

▲ 煤

▲ 煤炭的力量，创造了一个令人瞠目结舌的工业社会

▲ 运营中的火力发电厂　　　　　　　▲ 火力发电厂一角

虽然，英国的那些远亲近邻们也照葫芦画瓢纷纷走上工业化之路，但是在工业化进程上却落后了英国半个世纪。

因为煤炭，美国打下了坚实的工业基础，从蛮荒之地一跃成为后来的世界霸主。

因为煤炭，工业革命的冲击波席卷了全世界。

中国是世界上最早开采使用煤炭的国家，《山海经·五藏山经》里有最早关于煤炭的记载。西汉时，中国已经开始开采煤矿并将煤炭用作燃料。中国大规模开采并普遍使用煤炭，始于北宋崇宁年间（1102—1106年）。中国最早的近代煤矿是台湾的基隆煤矿和河北的开平煤矿。受当时政治、军事形势多变的影响，外资煤矿的产量占中国当时煤矿总产量的83.2%。1949年中华人民共和国成立，这些煤矿陆续回到政府手中，中国的煤矿业就此起步。

中国是一个以煤炭为主要能源的国家，在一次能源生产和消费结构中，煤炭生产和消费比重一直占三分之二以上。对于现代化工业来说，无论是重工业，还是轻工业，各种工业部门在运行过程中都要消耗一定量的煤炭，因此煤炭被称为工业"真正的粮食"。

煤炭对人类文明的贡献怎么夸赞也不为过。有人曾经用这样的文字来表达人类对煤炭的感激之情："每一个煤筐里都装着动力和文明""有了煤，原本寒冷、残酷的世界才变得越来越舒适、文明""有了煤，我们才有了光明、力量、动力、健康和文明，否则，我们便只有黑暗、贫穷和野蛮"。

此时此刻，煤炭利用已不仅是获取一种能源，更是人类开发利用大自然战役中的一场胜利、一次征服。

▲ 蜂窝煤

▲ 20 世纪 50 年代的伦敦

▲ 燃烧煤炭释放出多种有害气体

乌金到底有多乌

20 世纪 80 年代的一个星期天，阳光灿烂，中国某小镇，一个五年级的小学生正在帮父亲打蜂窝煤。看着一堆煤粉在自己手里变成煤浆，然后打成一个个的蜂窝煤，小学生特别有成就感。趁着好天气晒它几日，蜂窝煤就干透了，可以用来烧水做饭……数十年以后，小学生惊讶地发现，当年他干的那些值得表扬的好事，在今天则是污染人类生存环境的坏事。

为促进人类文明进步燃烧了自己的煤炭，怎么就上了污染环境的黑榜？

污染从开采开始

人类开采煤炭，其实是在破坏环境。

在人类将煤炭当作不可多得的宝贝的时候，它很快就暴露出了自身的缺陷——实际上，这应该说是一种技术缺陷——煤炭为人类提供能量的同时，也让使用它的人类付出了高昂的代价。

伴随着煤炭从黑暗地下来到人间的，还包括煤矸石、废气、废水等有害物质。其中，废煤矸石的排量很大，对矿区环境造成极大污染。矸石山淋溶水含有很强的酸性，一旦渗透到地下便会污染地下水源，甚至破坏地表组织，形成有毒物质和气体排放。

中国的大部分煤矿含有瓦斯，对操作人员的人身安全造成危害。为了开采煤矿，人们将瓦斯等有害气体抽出并排入大气，结果造成了大气污染，直接危害到环境。

煤矿开采产生的矿井水对江河湖泊皆有一定的污染。这些矿井水主要是开采期间的废水，或者是地下的脏水，还有就是矿道中含有有毒物质的污水，具有强烈的腐蚀性和毒性，如果不加以控制，后果不堪设想。

▲ 被污染的河流

煤烟和硫

人类燃烧煤炭，其实是在释放煤烟和硫氧化合物。

靠煤炭发迹的英国人，其实早就意识到使用煤炭存在着一些弊端。1306年夏天，英国的贵族们前往伦敦参加国会，闻到的是弥漫在整座城市的恶臭。当时，伦敦的工匠们开始用煤炭作为燃料，恶臭就是燃烧煤炭散发出来的煤烟所致。贵族们发起了反对燃煤的示威，于是国王爱德华一世下达了禁止燃煤的命令。

17世纪，因为燃烧煤炭，伦敦的空气变得越来越糟糕。旅行者往往还没来到伦敦，便在几千米以外闻到煤烟的味道。当时的作家约翰·伊夫林（John Evelyn）在《防烟》一书中这样描述："伦

▲ 燃烧煤炭形成的酸雨侵害着土地

▲ 人类燃烧煤炭，同时也在排放煤烟和硫氧化合物

敦……更像埃特纳火山、火神的庭院、斯特龙博利火山岛，或者地狱的边缘。"

当时，居住在伦敦的每一个家庭都遭受了煤烟的危害，煤灰也渗透到了每一个房间，在每样东西上留下了它们的痕迹。雨水冲走空气中的煤灰，在地面铺了一层黑色的炭，直到它被风干，又被吹散。当人们呼吸着空气的时候，其实他们已经将含有硫化物的臭气吸入身体。据伊夫林记载，1661 年，伦敦的蜜蜂和许多花都因为煤烟而绝迹。燃煤造成的污染虽然危害伦敦居民的健康，但他们却依然向煤炭伸出欢迎之手，因为他们需要燃烧煤炭维持生活。

英国从工业革命中崛起，离不开煤炭的支撑，当然也遭受了严重的污染。煤烟一直在英国大地上肆虐着，直到 1952 年 12 月 5—9 日，伦敦遭遇了严重的烟雾事件，导致大约 4000 人丧生。

1956 年，与煤炭爱恨纠缠了近 700 年的英国人终于禁止在中心城市燃烧烟煤。

"远程杀手"酸雨

人类燃烧煤炭，同时也是在制造酸雨。

随着时代的进步，燃煤渐渐淡出了家庭。越来越多的燃煤电厂修建起来，我们改为使用看起来十分洁净的电能，其实只是电厂替我们燃烧了煤炭。1970 年，美国的二氧化硫挥发物总量达到了历史最高纪录，燃煤电厂就是其最大的来源。

酸雨是人类遇到的燃煤所造成的另一个杀手。燃烧煤炭，产生了二氧化硫等酸性气体，它们在高空被雨雪溶解，形成酸雨，落到地表造成危害。1998 年，中国一半以上的城市都下了酸雨，酸雨覆盖面积达到了 30% 以上。

▲ 酸雨增加了湖泊和溪流的酸性，鱼儿会因此死亡

当人类以煤炭代替木材，以为这样就可以将土地解救出来和保护起来的时候，燃烧煤炭形成的酸雨却在继续侵害着土地。在酸雨的作用下，土壤里的钾、钠、钙、镁等营养元素被雨水溶解流失，土壤变得贫瘠。酸雨渗

透进土壤，还会带来含铝、汞等的有毒矿物，破坏生态系统。酸雨还会使非金属建筑材料表面硬化，水泥溶解，导致其出现空洞和裂缝，从而破坏建筑物。酸雨增加了湖泊和溪流的酸性，鱼儿会因此死亡，生态环境会遭到破坏。

"无形杀手"二氧化碳

人类燃烧煤炭，在获取能量的同时，会不可避免地向环境中排放二氧化碳。

二氧化碳无色无味，不助燃，可溶于水。我们人类只要活着，都在呼出二氧化碳。我们和二氧化碳亲密得就如同它是我们身体的一部分。

二氧化碳没有毒性，没有腐蚀性，不会伤害人体，不破坏生态系统，更不可能产生浓烟。相反，二氧化碳是最重要的温室气体。没有它，地球可能是个冰冷的不毛之地；没有它，植物将无法进行光合作用。也就是说，二氧化碳应该是地球生物不可或缺的好东西！

然而，也只有人类这般智慧的生物，能够从气候变暖中联想到煤炭的作用。当人类燃烧化石燃料排放了过多的二氧化碳，将其平衡打破，二氧化碳就从"暖男"

▲ 人类使二氧化碳从"暖男"变成了"杀手"

变成了"杀手"。

各种数据都表明，地球的海平面正在上升，海平面上升的原因是全球气候变暖，变暖的原因是温室气体太多，温室气体太多的原因是人类排放了过多的二氧化碳，过量碳排放的原因是燃烧化石燃料，化石燃料里比重最大的就是煤炭。

洗其乌，亮其金

2021年的一个早晨，当晨晖洒满静静的温榆河时，位于北京昌平区未来科学城滨河大道旁的园区里，人们又开始了新一天的忙碌。这里是国家能源投资集团有限责任公司（以下简称国家能源集团）直属的一家研发机构——北京低碳清洁能源研究院（以下简称国家能源集团低碳院），汇集了近20位顶级专家和数百名博士、硕士等优秀人才。而把这些各领域的精英紧密联系在一起的，是一件关乎人类未来的大事——开发一系列世界一流的技术，让低碳清洁能源更广泛地替代化石能源。

环保之战，科技先行。习近平总书记在第七十五届联合国大会一般性辩论上宣布中国"二氧化碳排放力争于2030年前达到峰值，努力争取2060年前实现碳中和"。为实现这个庄严承诺，从技术上解决煤炭的清洁利用，就可谓是重中之重。

煤炭，作为中国化石能源的主力军，能否在短时期内最大限度地实现清洁化利用，

▲ 国家能源集团低碳院

这也成了科学家们铆足了劲攻关解决的现实难题。

乌金王国的洗白之路

传统的煤炭开采和利用方法对生态环境、经济发展等方面的负面作用摆在了我们面前，它已经影响到了世界的可持续发展，引起了各国的高度重视。各种应对污染和保护环境的宣言、公约、协定陆续签署，各国的政策、措施力度越来越大。例如，2015 年 11 月，《联合国气候变化框架公约》第 21 次缔约方大会暨《京都议定书》第 11 次缔约方大会在法国巴黎召开，形成了著名的《巴黎协定》。在众多的应对措施中，煤炭的清洁利用成为了解决大气污染的重要手段。

▲ 国家能源集团低碳院固定床钴基费托技术的储罐采出的高温液态蜡

针对煤炭，我们要洗其乌，亮其金；取其善，去其毒；扬其长，避其短。为此，人类已经为它开辟出了两条道路：烧和不烧。

烧，必须以洁净高效的方法去烧。从开采、燃烧到发电，人类有各种各样的好办法，可以让煤炭燃烧得更加洁净、更加环保。

不烧，可以将煤炭转化为原料和材料，换个方式，也可以为人类文明作出贡献。从煤气化和煤液化出发，煤炭将展示其七十二般变化，化身为琳琅满目的产品，即便不再燃烧，依然与我们在一起。

无数的片段，汇集成历史之河。

无数的煤炭技术，凝聚成人类的赤子之心。

不管是燃烧，还是不燃烧，我们都希望煤炭这个乌金王国拥有一个美好的未来。

第二章
燃烧吧，煤炭

烧！煤炭给我们的第一印象，就是用来燃烧的。中国先秦时期就有《山海经》和《墨子》两部著作记载过煤炭。其中，《墨子》将煤称为"每"，这种"每"燃烧产生的浓烟可以用作烟幕，成为战争中出奇制胜的秘密武器。

煤炭的燃烧，如同人的吃喝拉撒一般平常。然而，平常背后，常常隐藏着不平常。诸如：

它从哪里来？

它为什么可以燃烧？

它怎样才能烧得更光、更亮？

煤炭，这团从地下走来的黑色，竟然给人类带来了光和热。它的种种不平常之事，便是从它的燃烧开始……

▲ 昌汉沟综采工作面

▲ 地面快速装车站

从黑暗走向光明——煤炭的开采

采煤技术的起源

当煤炭出现在人类眼前的时候，它其实已经在黑暗中沉睡了三亿年。它的沉睡，不但时间漫长，而且是睡在深深的地层之下，直到人类将它唤醒才得以见到天日。

▲ 矿井采空区良好的绿化植被

在西周以前，我们的祖先已经懂得将裸露在地表的煤炭拾取，或者稍微费点力气从浅埋处挖取煤炭。然而，除了少量裸露和浅埋的煤炭，大部分煤炭的唤醒之路极其艰辛。在这场从黑暗走向光明的煤炭大迁徙中，煤炭只负责了沉睡，而人类却要绞尽脑汁想出各种各样的办法，付出了大量的人力、物力、财力，甚至是生命，才将其从黑暗中拯救出来，让它可以发光发热。

早在汉代，中国就出现了早期的采煤技

▲ 采煤一线工作人员

▲ 2007 年 3 月，国内首次矿山抛掷爆破在国家能源集团准能黑岱沟露天煤矿实施，被称为"中国第一爆"

术。魏晋时期，中国境内就已经有了深达八丈[①] 的煤井。经隋唐至宋代，中国的采煤技术已渐趋系统、完善，到元明清时期，更是达到了一个集各种技术大成的高峰期，代表了当时世界煤炭开采技术的先进水平。时至今日，开采煤炭不仅为人类带来了发展所需的能源，其开采已形成了一门包含采煤方法、采区巷道布置、矿井开拓、矿井开采设计等一系列技术的学科。

煤矿的种类和技术

富含煤炭资源的区域被称为煤矿。

鸦片战争以前，中国的煤矿主要由私人经营，一般规模比较小，产出比较低，技术比较落后。这些旧式的小型煤矿，通常被称为煤窑。鸦片战争后，国门洞开，西方列强纷纷抢占在华利益。清朝政府为了维护自身的统治而接受了洋务派办厂开矿的建议，具有近代意义的煤矿才在中国大地上应运而生。这些煤矿采用了西方的开采和管理技术，跟传统的煤窑有着很大的区别。

煤矿开采的方法和煤矿类型有关。一般来说，煤矿可以分为露天煤矿和井工煤矿。如果煤层埋藏得比较浅，距离地表很近，我们可以直接剥离地表土层挖掘煤炭，

---

① 丈为非法定计量单位，1 丈为 10 尺，魏晋时期，1 尺为 24.5 厘米。

这种煤矿就是露天煤矿。露天煤矿的开采比较省事,用炸药将表土层炸开,再把表土清运至排土场,煤层便裸露出来。将煤层进行钻孔爆破,便可将破碎后的煤炭运走进行下一步的处理工序,其生产环节主要为:钻孔、爆破、采装、运输、排土。

遗憾的是,在中国,露天煤矿这种"好资源"并不常有,绝大部分的煤矿是井工煤矿,也就是说,煤炭埋藏得离地表比较远,需要向地下挖掘巷道,利用井筒和地下巷道系统才可将煤炭从地下开采出来。在长壁工作面用爆破法落煤、爆破及人工装煤、输送机运煤和单体支柱支护的采煤工艺,称为爆破采煤,简称炮采。以炮采为例,其生产环节可以分为破煤、装煤、运煤、支护、采空区处理等。

针对不同的矿山地质和技术条件,井工煤矿目前主要有壁式和柱式两大类采煤方法。壁式采煤法是长壁工作面采煤方法体系的总称,其主要标志是布置长度较大的采煤工作面,具有连续采煤、产量高、安全性好、采出率高等优点。在20世纪初,由于刮板输送机的推广使用,以及采煤机械化的程度越来越高,壁式采煤法已成为各国主要的采煤法。中国的煤矿主要采用壁式采煤法开采煤层。

经过近几十年的努力,中国煤矿的开采技术水平、煤机制造水平进步快速,煤矿的生产效率、安全、环保等各方面都得到了大幅度的提高,某些指标如井工煤矿厚煤层综采技术整体指标、大型露天煤矿的原煤生产效率指标等均达到了国际先进水平。

燃烧的秘密,从煤质分析开启

要了解煤炭和煤炭的燃烧,就要对煤炭进行一系列的分析。针对煤炭整体质量和燃烧特点进行的研究,被称为煤质分析。根据煤质分析结果,可以将煤炭进行分类,这对提高煤炭利用率有很重要的作用。

煤的工业分析

煤的工业分析,又称技术分析、实用分析,包括煤中水分、灰分、挥发分的测定及固定碳的计算。对煤炭进行工业分析,目的是要了解煤质的基础指标,作为评价煤质的基本依据。根据工业分析的结果,可以对煤炭的性质、种类、用途等进行初步判断。

水分是指含在物体内部的水。煤里面都含有水分,水分的含量和存在状态与外界条件及煤的内部结构有关。根据水在煤里面的存在状态，可以将这些水分分别称为外在水分、内在水分，以及同煤中矿物质结合的结晶水、化合水。水分是煤炭质量的重要指标。对于煤炭来说，水分并不是一个什么好东西。众所周知，水分是不可以燃烧的。同样种类的煤，所含水分越高，其发热量就会越低。煤炭运输和储存的时候，水分多则会增加成本。燃烧时，煤炭还要消耗热量来将水分蒸发掉。

▲ 研发人员利用工业分析仪进行煤的工业分析

灰分是煤燃烧后剩下的残渣。煤的灰分并不是煤的固有组成，它由煤炭内的无机物和有机物组成。灰分的成分和多少，取决于成煤时期煤盆地周围的条件。通过灰分，我们可以推算煤中矿物质的含量，这些矿物质包括原生矿物质、次生矿物质和外来矿物质。煤的灰分当然也不是什么好东西，它会增加运输成本，炼焦时还会降低焦炭的机械强度，导致产量下降，增加原料消耗，且灰分越高的煤有效碳的含量就越低。

▲ 研发人员利用光波水分分析仪进行分析

挥发分是煤在严格规定的条件下隔绝空气加热时产生的热分解产物，主要由热解水、氢、碳的氧化物、碳氢化合物组成。挥发分产率随着煤化程度增高而降低。挥发分强的煤炭，我们可以充分利用其挥发特质来提升其在炼焦、转化过程中的效率。然而，挥发分含量并不是越高越好，有时煤炭的挥发分含量

▲ 研发人员利用红外测硫仪进行分析

过高会导致碳氢化合物挥发过大，不利于某种应用场景使用或不利于焦炭质量的提升。所以，对于煤炭的挥发分来说，合理控制才是最好的。

固定碳是煤在隔绝空气进行高温加热的条件下，煤中有机质分解的残余物。测定煤的挥发分时，剩下的不挥发物称为焦渣。煤焦渣减去灰分，就是固定碳。

煤的元素分析

煤的元素组成是指组成煤的有机质的一些主要元素。煤中的有机质主要有五种元素：碳、氢、氧、氮、硫。其中，碳、氢、氧是主要的，三者总和占了有机质的95%以上。分析煤的这些元素组成，不但可以帮助我们对煤炭进行分类，还可以用来计算煤的发热量，估算和预测煤的炼焦化学产品、低温干馏产品和褐煤蜡的产率，为煤的加工工艺设计提供参考。

碳是一种非金属元素，化学符号为C，在常温下具有稳定性，位于元素周期表的第二周期IVA族。碳是煤中最主要的组成部分，是组成煤炭大分子骨架的重要物质，是煤在燃烧过程中产生热量的重要元素之一。煤化程度越深，煤的碳含量就越高。例如，泥炭的碳含量为50%～60%，褐煤的碳含量为60%～77%，烟煤的碳含量为74%～92%，无烟煤的碳含量则高达90%～98%。

氢是一种化学元素，化学符号为H，在元素周期表中位于第一位。氢也是煤中的可燃部分，燃烧时可以放出大量的热量。煤的氢含量和成煤原始物质密切相关。如果原始物质主要是植物的根、茎等木质纤维素组织，那么煤的氢含量就会比较低。如果原始物质是由含脂类化合物多的角质层、木栓层以及树脂、孢粉组成，成煤的

▲ 碳氢氮元素分析仪

▲ 研发人员利用碳氢氮元素分析仪进行元素分析

氢含量就比较高。腐泥煤的氢含量普遍较高，一般都在 6% 以上。煤中氢的含量虽然远不如碳多，但是由于其发热量高，所以是判断煤燃烧质量的重要参考因素。

氧，化学符号为 O，位于元素周期表第二周期 VIA 族。变质程度越低的煤，氧元素所占的比例也就越大。当煤受到氧化的时候，其氧含量会迅速增高，而碳、氢含量会明显降低。燃烧煤的时候，氧元素并不产生热量，但是可以与氢生成水，导致燃烧热量降低。

氮是一种化学元素，化学符号为 N。煤的氮含量比较少，多数在 0.8% ~ 1.8%，燃烧时不产生热量，主要是来自成煤植物中的蛋白质。

硫，化学符号为 S，是一种无味、无臭的非金属元素。煤中的硫可以分为有机硫和无机硫两大类，是最有害的杂质。至于硫会产生什么样的危害，得看煤炭的用途。例如，当我们将煤炭进行燃烧，用于产生动力时，煤炭中的硫会生成二氧化硫，不但腐蚀金属设备，而且污染环境；当我们用煤炭生产冶金用的焦炭时，煤炭中的硫大部分会转入焦炭，将直接影响钢铁的质量。

煤的化学性质

煤的化学性质是指煤与各种化学试剂，在一定条件下产生不同化学反应的性质，

▲ 中间相沥青

其内容包括煤的氧化、加氢、卤化、磺化、水解和烷基化。

煤的氧化过程是指煤与氧互相作用的过程。我们将煤放置于空气中一段时间，煤会被空气中的氧缓慢氧化。煤的氧化过程使煤的结构从复杂到简单，是一个逐渐降解的过程，所以也可以称为氧解。被氧化的煤会失去光泽，变得疏松易碎，工艺性质发生变化。如果煤与氧气迅速地发生氧化反应，就是燃烧。

煤的加氢可以使煤液化，制取液体燃料，或者增加黏结性、脱灰、脱硫制取溶剂精制煤，或者制取结构复杂和有特殊性质的化工中间物。煤的加氢可以分为轻度加氢和深度加氢两种。例如，当我们将煤液化转变为油的时候，就要给它深度加氢；当我们将煤转变为沥青类物质的时候，就要轻度加氢。

此外，煤与卤素化合物进行卤化反应生成卤化物，在磺化条件下生成磺化物，以及水解、烷基化等化学性质，都是我们需要研究的煤的化学性质。

▲ 量热仪

▲ 研发人员利用量热仪进行分析

煤的工艺性质

煤的发热量，又称煤的热值，是指单位质量的煤完全燃烧后所释放的热能，它是煤质分析的一个主要指标，也是评价动力用煤的主要质量指标。目前，我们一般采用氧弹方法来测定煤的发热量。

煤的热解是指煤在隔绝空气的条件下进行加热，在不同温度下发生一系列物理变化和化学反应的复杂过程。

煤的黏结性就是烟煤在干馏时黏结其本身或外加惰性物的能力，是一项十分重要的工艺性质，对于煤炭炼焦有着十分重要的影响。通常，可以采用黏结指数法等方式对煤炭进行检测，并且结合焦块的外形进行综合分析。

煤的热解结焦性是指煤在工业焦炉的炼焦条件下结成焦炭的能力。

眼见为实，煤炭的庐山真面目

说了半天，把元素周期表上的几个元素也看了个遍，可是煤炭到底是什么东西呢？尤其是现在城市里的年轻人，很多与煤炭还真是素未谋面，没烧过煤，也没有打过煤饼、捏过煤球，更不可能被煤灰弄得灰头土脸过。不识庐山真面目，那是因为我们一直在山里面。当我们收拾心情，走出深山，辨其色、观其形，煤炭的真面目便一目了然。

煤岩的成分

首先，我们还是从煤矿开始，前往地底下去看看煤岩长着什么模样。

煤岩是黑色的，否则怎么被尊称为乌金呢？但是黑有黑的不同，不同的煤岩成分就会有不一样的黑法。我们用肉眼就可以区分的基本组成单元，称为煤岩的成分，也称为煤岩的组分。在条带状烟煤中有镜煤、亮煤、暗煤和丝炭四种煤岩成分。

镜煤是煤中颜色最黑、光泽最亮的成分。在四种煤岩成分中，镜煤的挥发分比较高，黏结性比较强。

亮煤的光泽仅次于镜煤，在煤层

▲ 煤质分析仪器

▲ 煤样 -1

▲ 煤样 -2

▲ 煤样-3

▲ 煤样-4

▲ 煤样-5

里是最常见的成分，甚至有些煤层整个都是亮煤。

暗煤的颜色灰黑，光泽暗淡。富含惰性组的暗煤略带丝绢光泽，黏结性弱；富含壳质组的暗煤则略带油脂光泽，黏结性较好；暗煤如果含大量矿物，密度就会比较大，灰分率也比较高。

丝炭呈灰黑色，看起来像木炭，有明显纤维状结构和丝绢状光泽。丝炭的氢含量低，碳含量高，不具黏结性。煤层里的丝炭含量一般不多。

煤的物理性质

想要更进一步了解煤，我们需要从它的物理性质着手进行了解。

煤的物理性质是指煤炭的一定化学组成和分子结构的外部表现，主要包括颜色、光泽、比重和容重、硬度、脆度、可磨性、磨损性、断口、导电性、导热性等。决定煤的物理性质的，是成煤的物质及聚积条件、转化过程、煤化程度和风化、氧化程度等一系列的因素。

颜色是通过眼、脑和我们的生活经验所产生的一种对光的视觉效应。煤的颜色是煤对不同波长的光波吸收的结果。不同种类的煤，颜色也有所不同。褐煤是褐色、深褐色、黑褐色，烟煤是黑色，无烟煤是灰黑色且带有古铜色或钢灰色。

光泽是指物体表面上反射出来的

▲ 煤样 -6　　　　　　　　　　　▲ 煤样 -7

亮光。煤的表面在普通光照下的反光能力，就是煤的光泽。煤化程度高光泽就强，含矿物质多则光泽暗，风化、氧化程度越高，光泽越暗。

　　比重是对于液体或固体在某一特定温度、压力下的密度同纯水在标准大气压下的最大密度的比值。煤的比重又称煤的密度，是不包括孔隙在内的一定体积的煤的质量与同温度、同体积的水的质量之比。煤化程度加深，煤的比重就会增大。

　　容重，又称重度。煤的容重又称煤的体重或者假比重，是包括孔隙在内的一定体积的煤的质量与同温度、同体积的水的质量之比。

　　煤的硬度是指煤抵抗外来机械作用的能力。

　　煤的脆度是指煤受外力作用而破碎的程度。肥煤、焦煤、瘦煤的脆度较大，无烟煤的脆度较小。

　　可磨性是指被磨碎的可能程度。煤的可磨性反映了煤在机械力作用下被磨碎成小颗粒的难易程度。

　　煤的磨损性是指煤对其他物质如金属的磨损程度的大小。

　　煤的断口是指煤受外力打击后形成的断面的形状。煤常见的断口有贝壳状、参差状等。

　　煤的导电性是指煤传导电流的能力，通常用电阻率来表示。褐煤的电阻率较低，烟煤的电阻率较高。

　　煤的导热性是指煤传导热量的性能。煤中的矿物质增加，导热性也会增加。

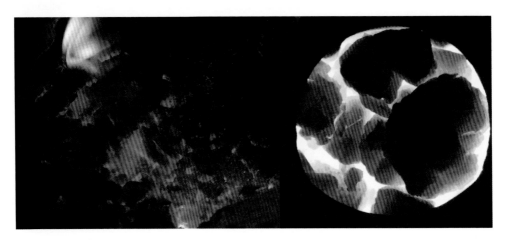

▲ 燃烧的煤

亿年等一回——煤炭的燃烧

燃烧是一种发光、发热的剧烈化学反应，必须同时具备可燃物、助燃物和点火源三个条件。

煤炭为什么可以燃烧？通过煤质分析，我们知道煤炭是由碳、氢、氧、氮、硫等化学元素组成的高分子有机化合物及富含有机质的黑色固体矿物。正是这些元素一起，构成了可燃化合物，称为煤的可燃质。因此，煤炭不但可以作为可燃物被外来的火种点燃，而且与空气中的氧气氧化时也可以自燃。

也许有人会问，必须具备可燃物、助燃物和点火源三个条件才可以燃烧，而煤炭"与世无争"的表现，充其量只具备了可燃物和助燃物，没有火源，它怎么就自己燃烧起来呢？原因还得从煤炭的那些元素里面找。煤炭中的碳、氢等元素在常温下可以发生化学反应，生成可燃物，这些可燃物包括一氧化碳、甲烷和其他烷烃物质。另外，煤炭的氧化反应产生热，这些热量如果不能及时散发掉，聚集在煤炭中，煤炭的温度就会升高。煤炭的温度升高，又会加剧煤炭的氧化，从而产生更多的可燃物质和热量。当温度达到煤炭的燃点，具备齐全了可燃物、助燃物和点火源三个条件的煤炭就开始燃烧，出现煤炭自燃的现象。

煤炭自燃，貌似怪事，其实并不罕见。在中国古代的神话传说中，就有"燃山""燃石"的记载，其现象与煤炭自燃所形成的"火山"景象极为相似。也许正是煤炭的自燃，才让古人发现了煤炭可以燃烧的秘密。

煤炭通过燃烧可以产生热能，这就是人类看上煤炭并且不遗余力大量开采的原因。沉睡了数亿年的煤炭，终于等到了被唤醒的机会。

煤炭发电，隐身于我们视线之外的燃烧

过去，煤炭曾经是老百姓家庭的重要燃料。生火做饭需要它，煮开水泡茶需要它，连冬天取暖也需要它。现在，我们更多是使用天然气、电能这些更加洁净的能源，煤炭看似已经退出了我们的生活。其实不然，煤炭的燃烧仍在继续，只不过换了个燃烧的法子，转移到我们的视线以外了而已。我们日常生活中所用到的电，大部分就是通过发电厂燃烧煤炭生产出来的。

电能泛指与电相联系的能量，严格来说，应指电场能。电能已经被人类广泛应用在照明、动力、冶金、通信、运输等领域。电能比其他能源更加容易调控，是目前最理想的二次能源。自从1879年上海公租界为了迎接美国总统尤里西斯·辛普森·格兰特（Ulysses Simpson Grant）点燃了第一盏电弧灯，中国便开始了使用电能的故事。

发电是指利用动力发电装置将水能、化石燃料的热能、核能等转化为电能的生产过程。1882年，英国商人利特尔（R.W.Little）等在上海开办了上海电光公司，并且在南京路建了一座12千瓦容量的直流发电厂，中国大地上第一家电能生产企业就此诞生了。然而，中国人利用电能的开端，还要等到1884年西苑电灯公所的建立。

目前，虽然太阳能、风能、核能等多种新能源皆可用来发电，但是使用化石燃料仍然是主要的发电形式。利用可燃物在燃烧时产生的热能，通过发电动力装置转换成电能的发电方式，称为火力发电。火力发电包括燃煤发电、燃油发电、燃气发电、

▲ 国家能源集团国神宝清煤电化公司

▲ 国家能源集团湖南公司宝庆电厂

▲ 煤炭洗选加工

▲ 综采工作面

▲ 井下无人值守变电站

生物质发电等。自改革开放以来，中国电力行业迎来了蓬勃发展，火力发电成为中国经济社会高速发展的坚强动力和支撑。由于中国"富煤、贫油、少气"，燃煤发电一直占据着中国电源结构的主体地位。

发电厂将煤转化为电，一般需要经过以下流程：用辅助燃料预热锅炉炉膛→用喷嘴将煤粉和空气喷入燃烧室，煤颗粒燃烧生成炙热产物→燃烧产物将热量传递至循环水，形成可以在汽轮机内做功的过热蒸汽→通过泵提高工质压力→高温高压蒸汽的能量在汽轮机里转化成为动能→发电机将汽轮机的轴功转化成为交流电→汽轮机中的蒸汽在换热器中冷凝→冷凝水进入锅炉进行下一轮循环。

换了个地方，换了个方式，煤炭还是在燃烧。

洁净，让煤炭燃烧得更有尊严

我们都知道，煤炭的燃烧会造成环境污染，严重时甚至伤害到人的生命，危害到人类的生存。于是，煤炭一边在为人类燃烧，为人类文明作着贡献，一边却或多或少地对环境产生了污染。2017年11月，加拿大和英国就发起了"弃用煤炭发电联盟"。然而，这种全面禁用煤炭的解决方法只适用于小部分煤炭产量很少的国家，对于中国甚至整个地球目前的能源

▲ 绿化网

状况来说，此法和晋惠帝说的不吃饭可以吃肉糜的话同样奇葩。即便是在美国这样的发达国家，煤炭也仍然是重要的一次能源。

我们都知道，煤炭的燃烧还将继续，并且在一定时间内继续作为我们人类所依赖的主要能源。让煤炭燃烧得更有尊严，更为大家所理解、所接受，我们人类就需要为煤炭及其燃烧做得更多。从开采、选煤、加工、运输到燃烧、发电，每一个环节都可以尽量让煤炭污染减至更低。采用洁净煤技术，改造火电厂，更新燃煤工业锅炉等，实现煤炭的清洁利用，才是治理污染排放最有效的办法。

煤炭的开采可能对地下水、大气、地表水、噪声、土壤等造成污染和影响。君子爱煤炭，亦应取之有道。我们应该在开采过程中投入更多的人力、物力、财力，结合煤层赋存情况，分析论证合理的煤层开发方式，使绿色开发、环境保护贯穿煤炭开采的全过程，让煤炭开采变得更加清洁高效。

提升煤炭产品的质量，是另一个降低煤炭污染的途径。中国的煤炭资源中大概有 40% 为低质煤，含有较高的水分、硫分和灰分，是导致煤炭利用率低下、排放超标的关键因素。我们可以借助洗选加工，剔除掉原煤中的部分杂质，从而实现一定的脱硫、除灰效果。通过清洁采煤方法，可以控制和减少掺入原煤中的外来杂质，降低原煤杂质含量，降低含矸率。根据煤质情况合理开采，生产更加优质的煤炭产品，煤炭的清洁燃烧便多了一重保障。

煤炭的存储和运输过程，产生的粉尘会对周围环境造成污染。升级除尘技术，创新管理机制，可减少煤炭流通过程中的粉尘污染。

煤炭燃烧时，优化窑炉的燃烧方式，不但可以使煤炭的燃烧更加合理，提高燃烧效率，而且可以减少污染物的排放，减轻对环境的影响。针对燃烧过程中产生的烟气，我们还必须采取脱硫、脱氮、除尘等办法来降低污染。

　　为了让煤炭燃烧得更好，中国一直都在行动。例如，国家能源集团江苏公司泰州电厂建成了世界领先的4×1000兆瓦超超临界二次再热机组高效双循环脱硫装置；2018年，国家能源集团在海南乐东建成世界最清洁燃煤电站，实现"近零排放"，达成世界能源署"2030年燃煤排放"建议目标。近年来，虽然中国的煤炭消费量在持续升高，但是烟尘排放量、二氧化硫排放量却在持续降低，有效减轻了煤炭燃烧对环境的压力。目前，中国燃煤发电机组大气污染物的超低排放标准高于世界主要发达国家和地区，燃煤发电已不再是中国大气污染物的主要来源。

　　为了让煤炭燃烧得更好，地球村一直都在行动，世界各国为此不遗余力。例如，科学家研究出了超洁净煤，其灰分含量不到1%。也研发出一些相关的技术或设备，例如，通过高温、高压来提升热力效率的超超临界发电技术，大幅降低供电煤耗的二氧化碳分离回收型整体煤气化联合循环（Integrated Gasification Combined Cycle，IGCC）发电设备，以及燃料电池组合使用的二氧化碳分离回收型整体煤气化燃料电池（Integrated Gasification Fuel Cell，IGFC）联合循环发电技术。

　　煤炭燃烧时产生二氧化碳，人类于是发明出一整套二氧化碳的捕集、利用和封存技术进行应对。

　　……

　　燃烧，还是那个燃烧。

　　燃烧，又不再是那个燃烧。

　　人类怎样将煤炭的故事讲好，关键还是在于燃烧。

▲ 国家能源集团江苏公司泰州电厂

▲ 泰州电厂脱硫废水原水储存罐

第三章
碳捕集，在烈焰中诞生的技术

　　分工，是人类社会伟大的发明之一，对社会经济、科学、文化的发展具有重大的推动作用。有了分工，不同的人才可以从事不同的工作，才可以将各项工作做得越来越精细、越来越完美。正是因为人类开始分工合作，人类文明才得以发展得越来越精彩。

　　因为维护社会治安的需要，至少在原始社会末期奴隶社会前期，人类社会就出现了负责缉捕罪犯的分工，后来从事这种工作的人被称为捕快。

　　煤炭因为燃烧释放二氧化碳而造成大气污染，也需要有一个分工去管一管。这个负责追捕"二氧化碳逃犯"的分工就是二氧化碳的捕集、利用和封存技术。

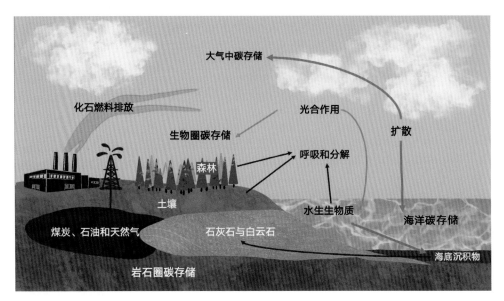

大气中碳存储

化石燃料排放　　　　光合作用　　扩散

生物圈碳存储

呼吸和分解

森林

水生生物质　　海洋碳存储

土壤

煤炭、石油和天然气　　石灰石与白云石

海底沉积物

岩石圈碳存储

▲ 自然界的碳循环

煤炭催生出的新技术

　　二氧化碳过量排放造成全球气候变暖，这已是不争的事实。减少碳排放的要求日益强烈，人类急需采取有效措施来应对。

　　中国是世界煤炭的第一生产和消费大国，也是碳排放大国。从中国的能源消费现状来看，尽管太阳能、风能等可再生能源的发展十分迅速，但是要支撑起整个国家的经济建设还需较长时间。

　　过量的二氧化碳排放危及人类的生存，为了生存，人类又不得不排放二氧化碳。矛盾的中心于是都集中到了二氧化碳的身上来。

二氧化碳的平衡

　　二氧化碳是地球村里一种非常重要的气体，它维系着各种各样的平衡关系。其中，二氧化碳参与组成了地球的温室气体团队，使地球表面温度保持温暖且适合人类生活，对地球热量平衡有着重要的影响。

　　在地球的自然界中，每天都发生着这样的碳循环：大气中的二氧化碳被陆地和海洋中的植物吸收，然后通过生物作用或者地质过程以及人类活动，又以二氧化碳的形式返回大气中。

碳循环周而复始，如果维持在一种平衡的状态，那么这个世界便太平无事。可是当有一天，二氧化碳的排放量不断增加，碳平衡的状态被打破，温室气体增加导致温室效应加强，引起地球气候变化，造成海平面上升，这个世界就会发生危险。

当人类意识到，碳平衡的变化是因为人类燃烧化石燃料而释放了过多的二氧化碳，人类便要责无旁贷地站出来，努力去维系地球村的碳平衡，以使人类可以继续繁衍文明，能够延续发展。

就在这个紧要关头，二氧化碳的捕集、利用和封存技术应运而生，将对全球气候变暖的问题进行有效解决。

碳捕集技术的诞生

我们既要保证国家经济发展，又要有效降低碳排放，这是一个十分矛盾的两难选择。幸运的是，有效控制二氧化碳的技术终于诞生了。

▲ 国家能源集团国电电力锦界公司 15 万吨 / 年二氧化碳捕集示范工程

▲ 国家能源集团低碳院自主设计的溶剂法碳捕集测试装置

碳捕集、利用与封存（Carbon Capture，Utilization and Storage，CCUS）技术是一项新兴的技术，能够较大地降低二氧化碳排放，是人类应对全球气候变暖的重要技术之一。

1989 年，美国麻省理工学院发起了碳捕集与封存（Carbon Capture and Storage，CCS）技术项目，标志着碳捕集与封存技术正式产生于学术领域。碳捕集与封存技术是指将二氧化碳气体从工业或相关排放源中分离出来，输送到封存地点，并通过技术手段使其长期与大气隔绝。这项技术不但投入成本大，而且存在着风险，尤其不适合在发展中国家推广。

2006 年 4—5 月，在北京香山会议第 276 次、第 279 次学术讨论会上，与会专家首次提出了碳捕集、利用与封存的概念，碳捕集、利用与封存技术终于正式地"露了一次脸"。相对于碳捕集与封存技术的高能耗、高成本，二氧化碳的捕集、利用和封存技术就是在碳捕集与封存技术的基础上，增加了二氧化碳利用的环节，也就是从"捕集、运输、封存"变成了"捕集、运输、利用、封存"，捕集到的二氧化碳可以投入到新的生产过程，甚至循环利用，产生经济效益，这样一来就更有可操作性。

2008 年 6 月，由中国华能集团有限公司（以下简称华能集团）自主设计并建设的中国第一套燃煤电厂烟气二氧化碳捕集装置在华能北京热电厂投入运行。该装置每年可以捕集 3000 吨二氧化碳。装置投运以来，二氧化碳回收率大于 85%，纯度达到 99.99%，各项指标均达到设计值，运行可靠度和能耗指标都处于国际先进水平。更重要的是，该项目捕集并用于精制生产的食品级二氧化碳可实现再利用，可以供应北京碳酸饮料市场。

经过多年的研究和实践，碳捕集、利用与封存技术概念已推广到全世界，得到大家的接受和使用。

围追堵截二氧化碳

在二氧化碳的捕集这个环节里，煤炭负责燃烧且释放出二氧化碳，二氧化碳负责逃逸并且污染环境，而捕集、利用与封存技术的分工便是将煤炭燃烧产生的二氧化碳"抓起来"，让其在可控环境中得到利用或封存。

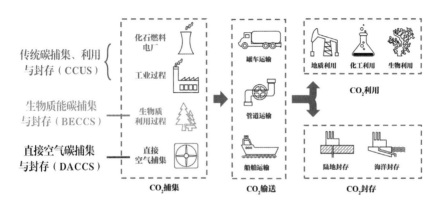

▲ 二氧化碳的捕集、利用和封存全流程图（来自中国21世纪议程管理中心）

▲ 国家能源集团低碳院二氧化碳捕集技术示范平台

这一整套的碳捕集、利用与封存技术在实施中也有不同的分工，一般包括几大类：二氧化碳的捕集、二氧化碳的存放、二氧化碳的利用、二氧化碳的运输。

二氧化碳捕集的三种技术路径

二氧化碳捕集的方法有很多，按照技术路径来分类，主要有三种：燃烧前捕集、燃烧后捕集和富氧燃烧。

第一种，燃烧前捕集，就是要在燃料燃烧前将二氧化碳从燃料中分离出去。在燃烧前捕集技术中，最受人瞩目的是气化技术搭配二氧化碳捕集技术，一般是利用水蒸气和一氧化碳反应生成氢气、二氧化碳，再将其分离，分离浓缩后的氢可用来燃烧发电，高浓度的二氧化碳则可以进行捕集。燃烧前进行二氧化碳捕集，优点是捕集的二氧化碳浓度高，捕集系统小、能耗低，缺点是系统比较复杂。

第二种，燃烧后捕集，就是需要从燃烧生成的烟气中分离出二氧化碳，这种技术主要应用于燃煤锅炉及燃气轮机发电设施。燃烧后捕集技术不影响上游燃烧工艺过程，而且不受烟气中二氧化碳浓度的影响，所以能够适合所有的燃烧过程。然而，因为燃烧后烟气中的二氧化碳浓度较低，所以运行成本较高。

▲ 国家能源集团低碳院小规模实际烟气二氧化碳捕集测试装置

第三种，富氧燃烧，就是用高纯度的氧代替空气作为氧化剂。燃烧煤炭发电的时候，将与煤粉进行反应的空气换成氧气，使氧气和二氧化碳的混合气参与燃烧，燃烧产物主要是二氧化碳。于是，我们就可以将部分生成的二氧化碳捕集，余下的二氧化碳引入富氧锅炉进行反应。这种方法捕集到的二氧化碳浓度较高，

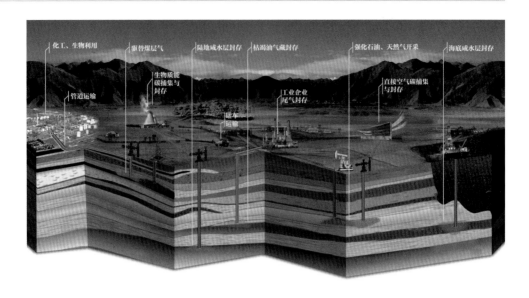

▲ 碳捕集、利用与封存技术及主要类型示意图（来自《2021 中国 CCUS 年度报告》）

可以达到 80%～98%，能够满足大规模管道输送和封存的要求。

　　不同的碳捕集方法各有优劣，而对于传统的燃煤电厂来说，用燃烧后化学吸收法来进行二氧化碳捕集是目前比较成熟可行的方案，对现有燃煤机组的改造也更为方便，更具性价比。

二氧化碳的捕集方法

　　二氧化碳的捕集主要靠吸收的方法，主要分为生物吸收法、物理吸收法、化学吸收法等。

　　生物吸收法并不新奇，早在工业革命以前，人类还没有大量燃烧化石燃料释放过量碳排放的时候，地球上的植物早已经通过光合作用把生物吸收法使用了无数遍。这个捕集方法的优点是有效性和持续性，但是其过程受光合作用的影响较多。对于工厂的集中排放，生物吸收法需要更大的场地和更高的成本，因而其应用也受到了很大的限制。

　　物理吸收法大多数是在低温高压的条件下进行，主要是用水、甲醇、碳酸丙烯酯等液体作为吸收剂，利用二氧化碳在这些液体中的溶解度随压力改变来吸收或解吸。物理吸收法的好处是，吸收气体量大，吸收剂再生不需要加热，不腐蚀设备。物理吸收法主要包括膜分离法、催化燃烧法和变压吸附法。

化学吸收法是目前二氧化碳的捕集技术中最成熟的一种，大约90%的脱碳技术都是靠它。这种方法的好处是选择性好、吸收效率高、能耗及投资成本较低。目前，典型的化学溶剂吸收法包括氨吸收法、热钾碱法和有机胺法等。

二氧化碳的封存

目前，大规模封存与固定是二氧化碳减排的主要途径，主要包括地质封存、海洋封存及矿石碳化封存。

地质封存就是将二氧化碳注入不同的地质体内，例如海底盐沼池、油气层、煤井等。地质封存的深度，一般要在800米以下，其温度条件可以使二氧化碳保持为液态。传统的地质封存存在着泄漏的风险，严重的甚至会导致贮藏带的矿物质被破坏，地层结构被改变。

海洋封存就是将二氧化碳释放到海洋水体中或者3000米以下的海床上。海洋封存的运输成本很高，而且影响海洋的生态系统。

矿石碳化封存就是利用菱镁矿和方解石等存在于天然硅酸盐矿石中的碱性氧化物，将二氧化碳转化成为稳定的无机碳酸盐。矿石碳化封存的过程，其实就是模仿

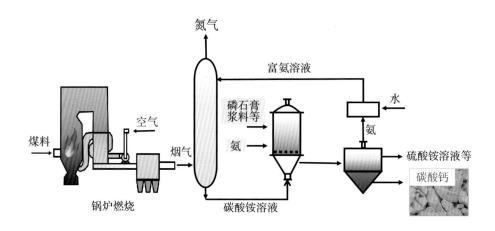

▲ 二氧化碳矿石碳化封存示意图

▲ 二氧化碳海洋封存示意图

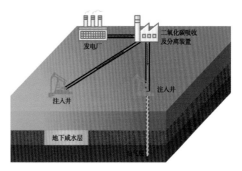

▲ 二氧化碳地下封存示意图

了自然界中钙、镁硅酸盐矿物的风化过程，从而实现二氧化碳的矿石碳化。

二氧化碳的运输

对二氧化碳进行捕集、利用与封存时，还要解决它的运输问题。

二氧化碳是气体，如果直接就这样运输自然状态的二氧化碳，难度较大。当我们将二氧化碳捕集后，可以储存到地下的地质结构中，或者用来作为化工生产的原料，甚至是用来提高石油采收率，但是都必须将它运输至处置地。目前，最好的办法是将二氧化碳进行压缩，装在压力容器中，然后再进行运输。被压缩后的二氧化碳运输起来就容易多了，公路、铁路、船舶、管道等各种运输方式都可采用。

罐车运输可以分为公路罐车和铁路罐车两种。公路罐车灵活方便，但是运量小、运费高；铁路罐车可长距离大量输运，但是铁路沿线需要配备二氧化碳装卸等设施，成本较高。中国现在已具备制造罐车及相关设备进行二氧化碳运输的能力，技术也比较成熟。

船舶运输适用于长距离的运输，成本低廉。目前船舶运输二氧化碳的技术还在起步阶段。

管道运输是最经济的运输方式，具有连续、稳定、经济、环保等许多优点。当二氧化碳的输送量较大时，可以选择管道输送。当然，用管道输送也需要将二氧化

▲ 干冰制备过程

▲ 二氧化碳在食品加工中的应用

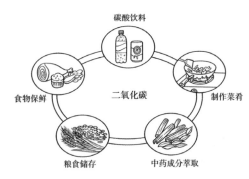

▲ 二氧化碳在食品加工中被广泛应用

碳压缩，降温至液态。中国的国土面积约960万平方千米，国土面积居世界第三位，二氧化碳排放和存放地跨度大，采用大规模长距离管道输送二氧化碳是比较高效、可行的方案。二氧化碳的管道输送与天然气的管道输送相似，但是由于捕集到的二氧化碳含有各种杂质，又对管道运行工艺的设计提出了新的要求。

目前，中国的二氧化碳输送主要是用低温储罐运输。

字母 U 的秘密

二氧化碳排放本身并不是有害的，有害的是过量的二氧化碳排放。在古代，除了罪大恶极的罪犯要被问斩之外，其他情节不是很严重的，一般会强制他们去充军或服劳役。那么，采用碳捕集技术捕集到二氧化碳之后，能否把二氧化碳也作为一种资源利用起来呢？

二氧化碳也可以是个宝

华能集团上海石洞口燃烧后碳捕集示范项目给了我们一个肯定的答案。2009年12月，华能集团在上海石洞口第二电厂启动了碳捕集示范项目。该项目使用了具有自主知识产权的二氧化碳捕集技术，年捕集二氧化碳规模达12万吨，捕集二

▲ 注入二氧化碳气体的饮料

▲ 汽水

氧化碳纯度达到 99.9% 以上。捕集的二氧化碳部分经过精制系统后用于食品加工行业，其余部分用于工业生产。该捕集装置在投产时是当时世界上最大的燃煤电厂烟气二氧化碳捕集装置。

二氧化碳在生活中应用非常广泛，比如最常见的碳酸饮料。碳酸饮料俗称汽水，就是被充入了二氧化碳气体的软饮料。当人们发现将水和二氧化碳气体混合在一起能够制造出具有特异风味的饮料之后，碳酸饮料便逐渐风靡全球。我们可以想象一下，如果喝的这些碳酸饮料里面没有了"汽"，变成普通的糖水，我们还有兴趣喝吗？对于碳酸饮料来说，二氧化碳简直就是它的灵魂。

碳捕集、利用与封存技术和早期的碳捕集与封存技术之间最直观的差别就是多了一个字母"U"，对应的英文单词为"Utilization"，是"利用"的意思。有 U 和无 U，效果大不一样。没有 U，捕集回来的二氧化碳就只是个"囚犯"，我们不仅需要找个地方把它囚禁起来，管吃、管喝，还得绞尽脑汁防止它再次"逃逸"。有了 U，捕集回来的二氧化碳就可以变成宝贝，让它参与生产建设，为人类创造价值。

人类经过多年的努力，终于给二氧化碳分派了各种各样的工作，并且享受到了利用二氧化碳获得的成果。根据二氧化碳的应用情况，我们可以将捕集到的二氧化碳大致分成物理应用、化学应用与生物应用三大类。

▲ 二氧化碳的产生与捕集、利用和封存全流程图

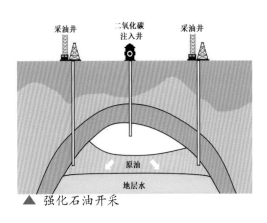

▲ 强化石油开采

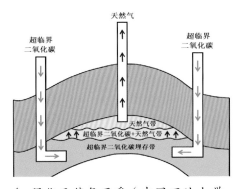

▲ 强化天然气开采（中国石油大学 彭勃 供图）

碳捕集后的物理应用

二氧化碳捕集后的物理应用涉及许多方面，应用范围主要包括啤酒及碳酸饮料，石油开采用作驱油剂，焊接工艺中的惰性气体保护焊，食品蔬菜的冷藏、储运，果蔬自然降氧、气调保鲜剂等。

将二氧化碳注入地下，利用地下矿物或者地质条件协助生产有利用价值的产品，是应用得较好的一种碳利用技术，主要包括二氧化碳强化石油开采技术、二氧化碳驱替煤层气技术、二氧化碳强化天然气开采技术、二氧化碳页岩气开采技术等。例如，在石油开采过程中，将二氧化碳注入油藏，利用二氧化碳和石油的物理化学反应，能够达到石油增产和二氧化碳封存的双重目的，不但可以提高原油采收率，还可以延长油井生产寿命。

碳捕集后的化学应用

二氧化碳捕集后的化学应用主要是无机和有机精细化学品、高分子材料等的研究应用。

将二氧化碳转化成为目标产物，实现二氧化碳的资源化利用，是一种可行的二氧化碳的化工利用技术，主要包括二氧化碳与甲烷重整制备合成气技术、二氧化碳转化为一氧化碳制备液体燃料技术、二氧化碳加氢合成甲醇技术、

▲ 多通道二氧化碳甲烷制合成气设备

▲ 二氧化碳基可降解塑料
（中山大学 孟跃中 供图）

二氧化碳与甲醇直接合成碳酸二甲酯技术等。例如，我们利用氢和二氧化碳做原料，在一定的温度、压力条件下，通过在催化剂上加氢反应催化转化，就可以生产出甲醇、烯烃等化工原料。

利用这些化工技术，我们还可以用二氧化碳为原料，生产出合成尿素、轻质纳米级超细活性碳酸盐等产品，也可以进行以二氧化碳为原料的一系列有机原料的合成，用二氧化碳与环氧化物共聚生产的高聚物，或者用二氧化碳被碳还原或通过逆水煤气变换为一氧化碳，发展一系列的化学品。

在碳捕集后的化学应用中，有这么一个热门的项目——二氧化碳基可降解塑料。我们知道，日常使用的塑料多数是以石油为原料制造出来的，不但成本高，而且不易降解，容易污染环境，例如塑料包装袋就让人类吃尽了污染的苦头。我们利用碳捕集技术得到的二氧化碳，可以生产出可降解塑料，节约了原料，在一定程度上缓解了对日渐枯竭的石油资源的依赖。重要的是，二氧化碳基可降解塑料属于完全生物降解塑料，可以在自然环境中完全降解，避免了环境污染，在包装材料、餐具、医用、保鲜等各个领域都可以替代传统塑料，进行推广使用。

碳捕集后的生物应用

碳捕集后的生物应用是通过植物的光合作用把二氧化碳用于生物合成，目前主

▲ 森林是储存二氧化碳的"大仓库"

要包括微藻固定二氧化碳转化为乙醇等生物燃料和化学品技术、微藻固定二氧化碳转化为生物肥料技术、微藻固定二氧化碳转化为食品和饲料添加剂技术、二氧化碳气肥利用技术等。

微藻是二氧化碳被捕集后的生物应用中的常客，它是一些在显微镜下面才能够辨别出形态的微小藻类群体，是含有叶绿素a并且能够进行光合作用的微生物的总称，在陆地、海洋分布很广，其营养十分丰富，代谢产生的多糖、蛋白质、色素等可以应用到生物燃料、化学品、生物肥料、食品等多个领域。例如，利用微藻的光合作用，可以将二氧化碳和水转化为单糖和氧气，单糖在细胞内转化为甘油三酯，甘油三酯酯化形成生物柴油。

▲ 农田也能起到很好的固碳作用（莫训强 供图）

碳交易，论斤卖还是论吨卖

碳捕集、利用与封存是一个复杂过程，涉及二氧化碳的捕获、运输、封存、利用等环节，实施过程需要长期投入大量的资金。这些资金从哪里来？用什么方式来调控？以什么来激励？如果碳捕集、利用与封存的项目只有投入而没有收入，这些项目要怎样才能持续下去？

于是，我们又有了一种新的社会分工——碳交易，又称碳排放权交易。

碳交易的起源

人类有了分工后，还不失时机地替它配套了一个伙伴，取名"交换"。交换是指人们相互交换各种活动或交换劳动产品的过程。不同分工的劳动成果，只有拿去交换，实现其价值，换取人们需要的生活和生产资料，分工才可以不断地持续下去。如果只有分工而没有交换，那么分工就没有了实际意义。

当文明继续进步，人类发明出了货币，并且以货币为媒介进行价值的交换，这样的交换称为交易。

碳交易是温室气体排放权交易的统称，是指一个国家、地区或企业，通过合法或者合规方式从政府、国际组织或碳排放交易机构获得的被允许排放生产过程中的污染物的权力。碳交易是为促进全球温室气体减排，减少全球二氧化碳排放所采用的市场机制，其原理很简单，就是合同的一方通过支付另一方获得温室气体排放指标，买方可以通过购买排放指标来完成减排温室气体的义务和目标任务。

碳交易是地球村里的新鲜事。2000年，美国创建了芝加哥气候交易所，在2003年以会员制的方式开始运营。2005年，欧盟成立了全球首个超大规模碳排放权交易体系，是首个多国参与、覆盖行业广的碳排放权交易体系。到2018年为止，全球已

▲ 芝加哥街景

▲ 芝加哥夜景

▲ 国家能源集团国电电力锦界公司 15 万吨 / 年二氧化碳捕集示范工程现场夜景

经有 45 个国家实施了碳交易，大约能够涵盖全球 20% 的温室气体排放。

按照国际能源署（International Energy Agency，IEA）的估计，到 2050 年，全球将有 56 亿吨的二氧化碳被捕集和封存，比当前规模增加近 50 倍，而相应的全球碳交易市场规模则较当前水平增加 40 倍。

碳交易在中国

中国的碳交易市场起步较晚。2011 年开始设计碳交易体系。2013 年在北京、上海、深圳、广州、重庆、天津、湖北等地设立了 7 个碳交易市场。2017 年 12 月 19 日，国家发展和改革委员会宣布全国碳交易市场正式启动。截至 2019 年年底，碳交易市场累计完成了 1.8 亿吨配额交易量，金额达到 41.3 亿元。2020 年，中华人民共和国生态环境部以部门规章形式出台了《碳排放权交易管理办法（试行）》，印发了规范性文件《2019—2020 年全国碳排放权交易配额总量设定与分配实施方案（发电行业）》，公布了包括 2225 家发电企业和自备电厂在内的重点排放单位名单，正式启动全国碳市场第一个履约周期。2021 年 5 月，生态环境部新闻发言人在新闻发布会上表示，鉴于中国碳市场覆盖温室气体排放量超过 40 亿吨，中国将成为全球规模最大的碳市场。

2021 年 7 月 16 日，全国碳交易市场启动上线交易，下一步还将稳步扩大行业覆盖范围，以市场机制控制和减少温室气体排放。中国统一碳排放市场的建立，为碳捕集、利用与封存技术产业化发展提供了商业化机遇，并为其产业化发展进程产生必然的积极影响。

碳交易对碳捕集的促进激励，就像古代捕快的奖励机制，抓到了逃犯可得赏金，那样才能刺激积极性。如果掌握了碳捕集技术，你不妨也来当一个新时代的"卖碳翁"，这将会是一个很时尚且很有前景的工作。

煤炭燃烧的未来

　　碳捕集、利用与封存是人类应对未来气候变化，实现《巴黎协定》目标的重要办法。我们利用这项新兴技术，可以捕集到发电、工业运行过程中使用化石燃料所产生的90%的二氧化碳。国际能源署的研究结果表明，我们如果要达到《巴黎协定》的目标，将全球气温升高控制在2摄氏度以内，那么到2060年，累计减排量的14%将会来自二氧化碳的捕集，而且任何额外减排量的37%也来自它。可以这样说，没有碳捕集、利用与封存技术的鼎力相助，国际气候变化应对目标将很难实现。

　　目前，化石能源燃烧排放的二氧化碳占了中国二氧化碳排放量的80%，其中煤炭又占了化石能源排放的75%。目前，对付因燃烧煤炭而增加碳排放量，最好的办法就是碳捕集、利用与封存技术。2006年以来，该技术已经被列为中国中长期技术发展规划的前沿技术，得到了国家科研基金的大力支持。2019年，中华人民共和国科学技术部更新了碳捕集、利用与封存技术发展路线图，其总体愿景是构建低成本、低能耗、安全可靠的碳捕集、利用与封存技术体系和产业集群，为化石能源低碳化利用提供技术选择，为应对气候变化提供技术保障，为经济社会可持续发展提供技术支持。

现状

　　碳捕集、利用与封存技术是一系列极其复杂、难度极高的技术，开发之路极其艰辛。目前，中国在该项技术总体上还处于研发和示范的初级阶段，还在不断完善

▲ 国家能源集团浙江公司宁海电厂

▲ 国家能源集团广东公司国能粤电台山发电有限公司

▲ 国家能源集团国电电力锦界公司 15 万吨／年二氧化碳捕集示范工程现场

▲ 国家能源集团浙江公司北仑电厂

当中。技术开发和应用还存在着经济、技术、环境、政策等方方面面的困难和问题，要实现规模化发展还存在很多阻力和挑战。

然而，正因为其难，我们才要迎难而上。因为碳捕集、利用与封存技术是我们对付过量碳排放的一个有力手段。难，不代表要放弃；难，更不代表不能成功。2011 年，华能集团天津绿色煤电 250 兆瓦级联合循环发电 IGCC 机组建成投产，并于 2016 年建成 400 兆瓦容量且配备二氧化碳捕集装置的 IGCC 机组，该示范工程旨在研究开发、示范推广二氧化碳近零排放的煤基发电系统，同时可大幅提高发电效率，并掌握大型煤气化工程的设计、建设和运行技术。未来，类似的项目会陆续上马，为解决过量碳排放提供有效的技术保障。

在二氧化碳减排方面，碳捕集、利用与封存技术是其他成熟技术无法媲美的。经过近 20 年的发展，中国已初步形成了该技术发展的技术体系。

未来

碳捕集、利用与封存技术将会是中国未来减少二氧化碳排放、保障能源安全、实现可持续发展的重要手段。随着该项技术的日渐完善和推广，未来中国将会建成成本低、能耗低、安全性高的二氧化碳捕集、利用与封存技术体系和产业集群。

碳达峰、碳中和目标的提出，给这项技术的发展注入了新的动力。随着控制温室气体排放目标的逐渐提高，这项技术的内涵和外延也在不断发展，不断地与不同领域进行结合，产生新的技术组合，不断地在材料创新、工艺改进等方面取得突破，并且不断地提高捕集效率、降低运营成本……过去各种各样的不可能，将会在不久的将来变成可能。

碳捕集、利用与封存技术和煤炭的燃烧，是人类未来工业化进程中的两个分工。没有碳捕集、利用与封存技术，煤炭的燃烧就没有未来。

煤炭负责燃烧提供能量，碳捕集、利用与封存技术负责保护环境，两者分工合作，共同为人类文明发展保驾护航，这就是我们希望看到的未来。

二氧化碳有了未来，人类才更有未来。

▲ 我们希望看到的未来

第四章
焦炭，在烈火中淬炼新生

在乌金王国里有一位优等生，乃王国之栋梁，它的名字叫作"焦炭"。

焦炭是一种二次能源，它源自煤炭，是煤制品的一种。用煤炭制焦炭，是中国古代煤炭加工利用的一大成果。

康骈的《剧谈录》中记载有："凡以炭烧饭，先令其熟，谓之炼炭""不然犹有烟气"。其中说的先将煤炭烧炼变熟，去除其烟气，然后再用做烧饭的燃料，指的就是土焦的制作。

至宋代，中国人已大量使用焦炭。在山西省稷山县的金代墓葬考古中，发现了焦炭和煤炭各五百斤[1]。以此推断，中国最晚在宋代已经掌握了炼焦技术。

关于炼焦的明确记载，出现在明代。《物理小识》《颜山杂记》《滇南矿厂图略》等书中均记载了炼焦煤的选择、炼焦方法、焦炭的特点等。

到了近代，中国土法炼焦已经十分普遍，到处可见土法炼焦的踪迹。

在中国的历史长河里，焦炭对包括冶金在内的很多行业起到了促进作用，是中华文明的推动者。

---

[1] 斤为非法定计量单位，宋代 1 斤约为 633 克。

出于煤而胜于煤的焦炭

煤炭以焦炭的面目出现后，在地球上燃起了工业革命之火，钢铁、蒸汽机、汽车、轮船、飞机等代表着人类文明之进步的发明，都和钢铁脱不了干系，更离不开焦炭的支持。

认识焦炭

焦炭是一种以碳为主要成分的银灰色棱块固体。焦炭的内部有纵横裂纹，沿焦炭纵横裂纹分开就是焦块。焦块由气孔和气孔壁组成。气孔壁就是焦质。

焦炭的化学成分包括有机成分和无机成分两大部分。有机成分是以平面炭网为主体的类石墨化合物，其他元素氢、氧、氮和硫与碳形成的有机化合物，则存在于焦炭挥发分中；无机成分是存在于焦炭的各种无机矿物质，以焦炭灰分表征其组成。焦炭的化学成分主要用焦炭工业分析和焦炭元素分析来测定。按焦炭元素分析，焦炭成分为：碳 82%～87%，氢 1%～1.5%，氧 0.4%～0.7%，氮 0.5%～0.7%，硫 0.7%～1.0%，磷 0.01%～0.25%。按焦炭工业分析，其成分为：灰分 10%～18%，挥发分 1%～3%，固定碳 80%～85%。可燃基挥发分是焦炭成熟度的重要标志，成熟焦炭的可燃基挥发分为 0.7%～1.2%。

▲ 国家能源集团焦化公司焦炭生产现场

▲ 国家能源集团焦化公司蒙西焦化一厂

▲ 冶金

焦炭的作用

焦炭可以用作高炉冶炼的燃料，也可以用于铸造、有色金属冶炼、铁合金生产、化肥化工制气等多个行业。当然，不同行业对焦炭的质量有不同的要求。按照焦炭的应用，可以将它分成四大类：冶金焦、铸造焦、电石焦、气化焦。

冶金焦主要用于高炉炼铁，是炼铁过程中的主要供热燃料，大多数的焦炭都是作此用途。

铸造焦主要用于冲天炉中，以焦炭燃烧放出的热量熔化铁。

电石焦是电石生产的碳素材料，其生产过程是在电炉内将生石灰熔融，使其与电石焦发生反应生成电石。

气化焦专门用于生产煤气，要求灰分低、灰熔点高、块度适当且均匀，一般用高挥发分的气煤生产。

焦炭主力——冶金焦

冶金焦占了中国目前焦炭用量的90%，是焦炭大军的绝对主力。在冶铁高炉里，冶金焦的作用主要分为四类。

一是作为燃料，提供矿石熔化、还原所需要的热量，这就要求焦炭具有良好的冷热强度、耐磨和块度，而且灰分要尽可能低。

▲ 国家能源集团焦化公司焦炭外运现场

二是作为还原剂，提供铁矿石还原所需要的还原性气体一氧化碳。

三是作为高炉的骨架，支撑高炉炉气的顺畅上升，需要焦炭坚硬，而且在炉料的运行下降过程中保持块状。

四是作为碳元素的提供者。高炉生铁的碳含量约为4%，全部来自焦炭。

从煤炭到焦炭

焦炭来自煤炭，那么是不是所有的煤炭都可以变成焦炭呢？并非如此。煤炭要变成焦炭，还是需要符合一定条件的。

煤炭作为一种传统能源，分类方法有很多，不同的分类方式，通常也是针对了不同的分类目的。为了适应不同用煤部门的需要，我们可以依据煤炭的属性和成因等条件，按照基本性质相近的科学原则，对煤炭进行分类。于是就有了早期根据煤的元素组成进行的"科学分类法"，以及后来根据煤的生成条件，将煤分类为腐殖

▲ 褐煤

▲ 褐煤样品

▲ 利用褐煤制取的褐煤蜡

煤、腐泥煤和残殖煤的"成因分类法"。而按照煤炭的煤化程度，又可以将煤炭分为褐煤、烟煤和无烟煤三大类，进而依据煤化程度的深浅及工业利用的要求，将煤炭继续细分为无烟煤、贫煤、贫瘦煤、瘦煤、焦煤、肥煤、1/3焦煤、气肥煤、气煤、1/2中黏煤、弱黏煤、不黏煤、长焰煤、褐煤等。这里面的贫瘦煤、瘦煤、焦煤、1/3焦煤、肥煤、气煤、1/2中黏煤等都是可以用于炼焦的煤种。

根据炼焦原材料的不同，炼焦可以分为单煤炼焦和配煤炼焦。

早期炼焦使用的是焦煤，就是所谓的单煤炼焦。然而，焦煤的储量比较少，况且单煤炼焦操作比较困难。后来，随着科学技术的发展，逐渐改为采用配煤炼焦，解决了单煤炼焦所遇到的难题。

配煤就是将两种或者两种以上的单独煤料，按照适当比例均匀配合，以求制得满足各种用途要求的优质焦炭。配煤炼焦既可以保证焦炭质量，又扩大了煤源，节约了优质炼焦煤，还增加了炼焦化学品的产量，可谓一举数得。

从炼焦炉里炼出来的焦炭直接影响了地球村的工业发展，它在冶金方面的作用比普通煤炭要好得多。

中国的煤炭资源丰富且煤类齐全，从褐煤到无烟煤各种不同煤化阶段的煤炭都有分布，但是数量和分布并不均衡。据统计，中国的褐煤和低变质煤占了煤炭总量的50%以上，而中变质煤（炼焦用煤）数量较少，尤其是焦煤更是不足。也就是说，中国的炼焦用煤不多，缺少优质的炼焦用煤。

▲ 热解后的半焦炭（高温干馏）

炼焦，从干馏开始

干馏和炼焦

煤的干馏，也称为热分解、热解，是指煤在隔绝空气条件下加热、分解，生成焦炭(或半焦)、煤焦油、粗苯、煤气等产物的过程。按照加热终温的不同，煤的干馏可以分为高温干馏（900～1100摄氏度）、中温干馏（700～900摄氏度）和低温干馏（500～600摄氏度）。

高温干馏，就是我们常说的炼焦、焦化，即煤炭在焦炉中隔绝空气加热至900～1100摄氏度，经过干燥、热解、熔融、黏结、固化与收缩，产生焦炭、焦炉气、粗苯、氨和煤焦油的过程。

将炼焦技术进行分类，可以分为土焦和机焦。目前主要采用的技术是机焦。

机焦又可以分为顶装炼焦和捣固炼焦两种方法。顶装炼焦是洗精煤经配合、粉碎后由炉顶的装煤孔转入焦炉炭化室。捣固炼焦是洗精煤经配合、粉碎及捣固成煤饼后由机侧门装入焦炉炭化室。煤料在炼焦炉被分解为焦炉气和煤焦油，经熄焦作业后生成焦炭。

炼焦技术四重奏

煤炭是复杂的高分子有机混合物，其高温炼焦过程可以分为四个阶段：干燥预热阶段、胶质体形成阶段、半焦形成阶段、焦炭形成阶段。煤炭要经历这四个阶段的煎熬，才算是在"炼丹炉"里炼成"仙丹"。

在干燥预热阶段，温度从常温加热到200摄氏度，烟煤在炭化室里主要是干燥预热，并且释放出吸附在煤表面和气孔中的二氧化碳、甲烷等气体。此阶段所需要的时间约占整个结焦时间的一半。煤料的水分越多，干燥的时间就越长，所消耗的热量就越多。当温度加热到200～350摄氏度时，煤便开始分解，产生化合水、二氧化碳、一氧化碳、甲烷、硫化氢等。

在胶质体形成阶段，温度加热到 350～450 摄氏度，形成分子量较小的有机物，黏结性煤转化为胶质状态，形成气、液、固三相共存的胶质体。胶质体的形成是煤炭的黏结成焦的关键所在。

在半焦形成阶段，温度加热到 450～650 摄氏度，煤炭的胶质体逐渐固化，形成半焦硬壳，中间则仍然是胶质体。半焦壳上会出现裂纹，胶质体从裂纹流出，又发生固化，形成新的半焦层，直到煤粒都熔融软化，形成胶质体并且全部转化成为半焦。

在焦炭形成阶段，温度升高到 650～1000 摄氏度，半焦内的不稳定有机物继续进行热分解和热缩聚，其产物主要是气体。随着气体的析出，半焦的质量减少，体积收缩。

炼焦的残羹很有营养

焦化行业是重要的煤炭加工利用产业，中国已建成了世界上最完整，对煤资源开发利用最广泛，煤炭的价值潜力挖掘最充分，独具中国特色的焦化工业体系。中国的焦炭产量占了世界的三分之二以上，中国炼焦行业已成为世界最具影响力的产业之一。

焦化行业的主要产品除了焦炭，还有焦炉煤气（又称焦炉气）、煤焦油等。焦炭可以用于冶金，焦炉气不仅是重要的燃料气，而且可以合成甲醇、合成氨等。煤焦油是成分复杂的混合物，可以从中分离出很多种化工原料。

焦炉气

焦炉气是工业的重要燃料，经过深度脱硫处理，可以作为民用燃料，或者用作化工合成原料。从焦炉气中，可以提取各种原料，用途十分广泛。例如，氨可以生产硫酸铵、无水氨、浓氨水等，硫化氢可以生产单斜硫、硫，氰化

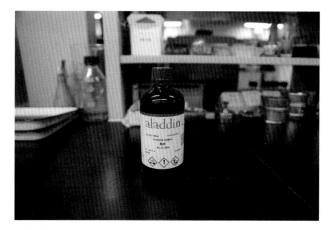

▲ 氨水

▲ 甲醇

▲ 燃气

氢可以生产亚铁氰化钠、亚铁氰化钾，回收硫化氢和氰化氢还可以减轻对大气和水质的污染。

焦炉气在人们日常生活中有什么用途呢？

一是产甲醇。当前，中国焦炉气主要用来生产甲醇。焦炉气制甲醇是工业化、市场化最快的路径，成本较低，发展潜力较大。

二是合成氨。焦炉气可以用来生产合成氨、尿素。

三是合成天然气。合成天然气是一种清洁能源，所以用焦炉气制造天然气越来越受到大家的欢迎。

煤焦油

煤焦油的产量大约占了装炉煤的 3%～4%。它可以用来生产炭黑、塑料、合成纤维、燃料、橡胶、医药、耐高温材料等，还可以用来合成杀虫剂、糖精、燃料、药品、炸药等。

焦油加工处理可得到酚类、吡啶碱类、萘、蒽、沥青等用途十分广泛的化工原料。例如，萘、蒽用于生产塑料、燃料、表面活性剂；甲酚、二甲酚可生产合成树脂、农药、稳定剂、香料；吡啶、喹啉可生产活性物质；高温焦油含有沥青，主要用于生产沥青焦和电极碳等。

煤焦油在世界化工业中占有十分重要的地位，因为由它分离得到的一些产品不能或者很难从石油化工原料中获取。如何更好地获取煤焦油，是值得深入研究的一个课题。现在我们已经取得了一些新的成效，例如，国家能源集团低碳院开发的"煤

▲ 经现代化的洗煤设备精洗出优质煤炭，是制造蚊香的上好原材料

分级炼制清洁燃料技术"，可以用于低阶煤的提质利用，将煤中的挥发分转化为高价值的煤焦油产品，同时将低阶煤转化为热值高、易利用的半焦产品。未来，我们仍需要为之而奋斗。

粗苯

在炼焦的副产品里，粗苯也是不可丢弃的，它是焦化企业回收的主要对象。

粗苯可用来精制生产二硫化碳、苯、甲苯、二甲苯、三甲苯、古马隆、溶剂油等。

中国是世界上粗苯产量最大的国家，约占了世界总产量的六成。

▲ 苯

▲ 对二甲苯

▲ 二硫化碳

给煤炭利用换个新方法

　　煤炭在当今社会生产与生活中依然体现着举足轻重的作用，把热能转变为电能的发电用煤、工业锅炉供热用煤、烹饪及取暖等生活用煤、冶金用动力煤……煤炭不断在燃烧自己，为人类文明的发展延续奉献热值。除此之外，随着科学技术的发展，煤炭也正逐步打破原有的传统应用方式。

　　人类开始炼焦，其实就是在敲开煤化工的大门。通过煤化工，将煤炭用化学的方法进行转化，可以实现煤炭的清洁高效利用，这是人类在煤炭燃烧之外走出来的另一条用煤之路。煤化工技术的发展，正在为煤炭换一种新的利用方法。

　　煤化工技术是指以煤为原料生产各种能源或化工产品的工艺技术，一般包括煤炭转化和后续加工环节。煤炭转化是指煤炭经过化学反应过程得到气态、液态或固态产物的过程，主要有煤炭气化、煤炭直接液化、煤炭高温炼焦、煤炭中低温热解等工艺过程。后续加工主要包括以煤气中的氢气、一氧化碳等气体为原料的化工合成，以及对煤炭转化液态产物进行加氢提质与改性等深加工的工艺过程。

　　煤炭的特定分子结构使它可以在隔绝空气的条件下，通过热加工和催化加工，获得各种化工产品。焦化是最早的煤化工方法，直到现在仍是重要的煤加工方法。此外，电石乙炔化可以生产化工产品，煤气化可以生产煤气等燃料和化工合成气，合成气可制取天然气及各种化工产品，煤炭加氢可液化……这些领域都属于煤化工的地盘。

　　煤化工的发展历程很长，涉及的范围广、产品多，根据时间进程，将煤化工分为传统煤化工和现代煤化工。煤制焦炭、煤制合成氨、煤制电石等就属于传统煤化工的范畴。

虽然被称为传统，但是传统煤化工仍具活力，传统煤化工在化工行业中拥有无可替代的地位。我们在期待现代煤化工取得快速发展的同时，也需要依靠传统煤化工来支撑我们的经济发展，满足我们的生活所需。例如，合成氨的工业消费量近年来增长显著。首先，受惠于环保治理不断加强，合成氨在车用尿素和电厂脱硫脱硝领域的消费量增长最快，近5年年均增幅均超过50%；其次，在己内酰胺、三聚氰胺、脲醛树脂等化工新材料方面也显著拉动了合成氨消费量的增长，近5年年均增速在10%以上。

传统并不代表落后，现代也并非一定比传统有优势。所有的技术均不应有好坏之分，差别在于我们怎么去发展它、利用它。通过市场化手段，淘汰落后产能，加强清洁生产审核，实施差别电价等，建立长效的落后产能退出机制，进而实现产能置换。

传统和现代，只是一种分类。

烈火中的煤炭，也可以焕发新生。

▲ 国家能源集团低碳院固定床钴基费托催化剂

▲ 国家能源集团低碳院煤化工系列催化剂

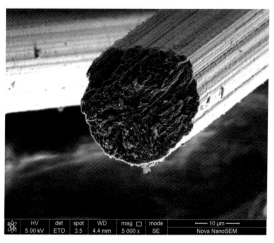

▲ 国家能源集团低碳院碳基材料煤沥青炭纤维

第五章
煤炭大变身

变，是这个世界永恒的主题。

《孙子兵法》有云："故将通于九变之地利者，知用兵矣；将不通于九变之利者，虽知地形，不能得地之利矣。治兵不知九变之术，虽知五利，不能得人之用矣。"说的意思就是，将帅领兵打仗，要具备随机应变的能力。

西方哲学中也有这么一句名言："世上唯一不变的就是变化本身。"

要解决煤炭所遇到的难题和瓶颈，实现煤炭清洁转化和利用，让乌金王国变得更加金光灿烂，就要准确识变、科学应变、主动求变。

煤化工就是人类为煤炭施展的变身大法。目前，煤化工总体技术线路有三个主流方向：一是煤制化学品，二是煤制油品，三是煤制气。把握好这三个方向，乌金王国就可以变出一片新天地。

煤化工的新发展

煤炭从黑暗的地下来到光明的人间，大部分是被用作直接燃烧发电和供热。煤化工的出现，让人类看到了煤炭资源的另一番景象。

煤化工的变化史

中国是最早使用煤炭的国家之一，很早就用煤炭冶炼矿石、烧制陶器，用焦炭冶铁。但是，煤炭作为化学工业的原料被加以利用，并且逐步形成工业体系，就要从近代工业革命之后算起。

由于工业革命的需要，炼焦炉应运而生，人类将煤炭作为原料进行炼焦，开创了煤化工产业，至今大约已有两百多年的历史。我们来看看在这两百多年里，煤化工是怎样走过来的。

18世纪中叶，英国爆发工业革命，炼焦炉被大规模推广。1850—1860年，欧洲其他国家也相继建立了炼焦厂。

19世纪70年代，德国建成了有化学品回收装置的焦炉，可以从煤焦油里提取大量的芳烃作为医药、农业、染料等工业的原料。

第一次世界大战期间，大量的钢铁需求，加上对制造火药的氨、苯、甲苯等化工原料的急需，刺激了炼焦工业的发展，形成了炼焦副产品化学品回收和利用工业。

1925年，中国在石家庄建成了国内第一座焦化厂。

1920—1930年，煤炭低温干馏技术发展较快，产出的半焦可用作民用燃料，焦油可以加工成液体燃料。

▲ 中国古人造缸

1927 年，最早开始研制煤制油技术的德国，建立了世界上第一座商业化的煤炭直接液化工厂。

1934 年，上海建成了一座煤气厂，可生产煤气。

第二次世界大战以后，在廉价石油和天然气的冲击下，除炼焦工业外，煤液化等产业陷入低潮。

▲ 国家能源集团焦化公司西来峰焦化厂

1973 年中东战争，石油大幅涨价，煤液化和化学品生产重新受到人们的重视。

21 世纪以来，中国现代煤化工建设如火如荼，多个拥有世界首创、国内自主研发的现代煤化工装置相继投入运行。

2014 年，中国通过了新的《中华人民共和国环境保护法》，旗帜鲜明地提出"坚决向环境违法行为宣战"，对煤化工的发展起到了较好的规范作用。

2019 年，中国煤化工全行业可实现煤炭年转化能力约 3.1 亿吨标准煤，为煤炭清洁高效利用作出重要贡献。

▲ 国家能源集团低碳院 100 毫升加氢裂化评价装置

▲ 国家能源集团低碳院开发的费托合成铁基催化剂 CNFT-1 所在的运行装置

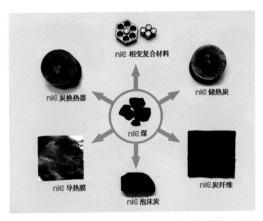

▲ 国家能源集团低碳院开发的煤基功能材料

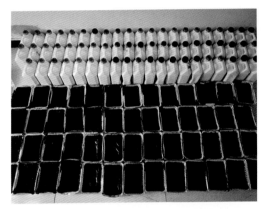

▲ 国家能源集团低碳院开发的褐煤蜡产品

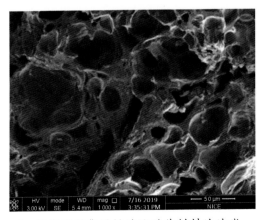

▲ 国家能源集团低碳院碳基材料泡沫炭

现代煤化工

煤炭的变化方法，可谓千变万化。按照生产工艺的不同，现代煤化工可以分为煤焦化、煤气化和煤液化三大类。其中，煤焦化属于传统煤化工，其产品主要有焦炭、煤焦油、聚氯乙烯、合成氨等；煤气化、煤液化等以生产洁净能源和可替代石油化工产品为主的属于现代煤化工，目前主要包括煤制油、煤制烯烃、煤制天然气、煤制乙二醇等。

现代煤化工一般规模较大，具备技术集成度高、资源利用好等优点，但是也存在着一次性投入高、技术难度大、装备复杂、资源消耗大、排放量大等缺点。

传统煤化工和现代煤化工又有着十分密切的联系，传统煤化工是现代煤化工的基础，现代煤化工又带动了传统煤化工的转型升级。我们在研究煤化工的时候，并非一定要区分出它是现代的还是传统的，更不能说现代的就比传统的好。现代煤化工甚至存在着和传统煤化工的交集，例如，我们在煤炭分质利用时，可以利用传统煤化工的中低温焦化产生的气、液、固产品，后续进行现代煤化工的加工。

现代煤化工虽然起源于西方，中国起步较晚，但是中国已实现了煤化工领域的弯道超车，在煤直接液化、煤间接液化、煤气化、煤制烯烃、煤制乙二醇、煤制芳烃、煤制乙醇等领域都达到了世界先进水平。

煤尽其用的煤气化

煤的气化是一个热化学加工过程，是指在高温（900～1300摄氏度）下，以煤、焦炭或半焦等固体燃料为原料，以氧气、水蒸气等为气化剂，在高温条件下通过化学反应转化成主要含有氢气、一氧化碳等气体的工艺过程。

煤气化是煤转化技术中最主要的领域，其历史甚至比发电还要早。自20世纪70年代起，煤气化技术开始快速发展。

煤气化的条件

通过煤气化将固体的煤变成气体，当然不是一件简单的事情。首先，我们需要给它提供一些变化所必须的条件。

第一，原料。煤气化所用的原料主要是煤炭，之后才是煤焦（主要是化工焦、半焦等）。从褐煤到无烟煤，所有的煤种都可以用作气化原料。考虑到市场、资源条件、技术条件等因素，目前用作煤气化的煤种主要是褐煤、长焰煤、贫瘦煤、无烟煤，还有部分弱黏结煤。

第二，气化剂。气化剂可以是水蒸气、纯氧、空气、二氧化碳等。

▲ 国家能源集团低碳院煤气化平焰型工艺烧嘴

▲ 煤粉装料现场

第三，反应器。反应器可以是煤气化炉或者煤气发生炉，气化原料和气化剂被送进炉里完成气化反应，输出煤气，排出残余灰渣。

第四，温度。气化炉里必须保持一定的温度，这是影响煤气化反应性的最重要因素之一。加温的方法是向炉内鼓入一定量的空气或氧气，使部分入炉原料燃烧放热。根据气化工艺的不同，分为高温（1100～2000摄氏度）、中温（950～1100摄氏度）、低温（900摄氏度左右）。温度越高，煤中芳香环的碳碳键就越容易断裂，反应程度就越深。

第五，压力。气化炉里要维持一定的炉内压力。按照气化工艺的不同，所要求的气压也有所不同，压力越高，越有利于气化反应的进行和产量的提高。

▲ 气化装置

煤气化的原料煤

在开始煤炭的变身之旅前，必须对原料煤进行煤质分析。原料煤的性质对气化有着很大的影响，它涉及气化燃烧效率和气化率，影响着煤气化过程工艺条件的选择，决定着煤气化的变身之路是否顺畅。

水分。煤的水分高，就会增加气化过程中的热损失，降低煤气产率和气化效率。所以，气化用煤的含水量越低越好。

挥发分。早期，不同用途的煤气化工艺对煤的挥发分含量有不同的要求。例如，用作燃料就要选择挥发分较高的煤种，用作合成气就要选择低挥发分的煤种。随着技术的进步，现代气流床煤气化技术对煤的挥发分指

▲ 国家能源集团低碳院煤气化关键共性技术研发平台

标不再敏感。

灰分。煤中灰分不但降低煤的热值，而且使气化条件变差，降低气化效率，是影响气化过程正常进行的主要原因之一。

硫分。煤气化时，硫转化为硫化氢和二氧化硫存在于煤气中，容易腐蚀设备。煤气中含有硫，燃烧产生的二氧化硫会造成污染。所以，煤气化的原料煤含硫量越少越好。

黏结性。煤的黏结性对煤气化来说是个不利因素。不带搅拌装置的气化炉应使用不黏结性煤或者焦炭，带搅拌装置的气化炉可以使用弱黏结性煤。

此外，煤的灰熔点和结渣性、化学反应性、机械强度和热稳定性、粒度等方面的性质，也需要进行认真分析和充分考虑。

通过对原料煤进行煤质分析，可以针对不同的煤种研究不同的气化技术，使其气化更有效率，产出量更高。例如，国家能源集团低碳院的"平焰型煤气化技术"，通过开发平焰型烧嘴和紧凑型气化炉等关键设备，提高了气化效率、降低了设备成本，可用于制取合成气，作为化工合成和燃料油合成的原料气。

▲ 国家能源集团低碳院平焰型气化炉

煤炭的气化过程

煤炭的气化过程说起来简单，只包括煤的热解和煤的气化反应两个部分，然而，一旦运作起来，这两个过程都是非常的复杂。

煤的热解是煤炭受热后，自身发生的一系列的物理变化和化学变化的复杂过程。这些变化受到煤种、温度、压力、加热速率、气化炉形式等各种因素的影响。煤气化过程中的煤热解与炼焦、煤液化过程中的煤热解并不一样，在热解温度、气流流动、化学反应过程和时间等方面都有所区别。

煤的气化反应也十分复杂，它是煤中的碳与气化剂中的氧气、水蒸气的反应过程，也包括碳与反应产物以及反应产物之间的反应。气化反应可以分为非均相反应和均相反应两种。非均相反应是气化剂或气态反应物与固态煤或煤焦的反应。均相反应是气态反应产物之间的相互反应或与气化剂的反应。

在煤的气化过程中，煤炭到底发生了什么变化呢？它的身上主要是发生了碳的氧化反应、气化反应、甲烷生产反应等。相对不同的气化工艺，这些反应过程可以在反应器里同时发生，也可以在反应器的不同区域中进行。

煤气化技术

目前，世界上正在应用和开发的煤气化技术有数十种，所使用的气化炉也是多种多样。所有的煤气化技术都有一个共通点——都是固体的煤炭在气化炉里的高温条件下与气化剂发生反应，转化为气体燃料或合成气原料。

煤气化技术的分类方法有很多，按照煤与气化剂在气化炉内运动状态可以分为移动床（固定床）、流化床（沸腾床）、气流床和熔融床气化四类。还可以根据煤气的用途分为生产燃料煤气、生产合成气、生产还原气和氢、联合循环发电等。

中国的煤气化工业起步较晚，生产工艺在过去以依赖引进国外技术为主。近十多年以来，中国的煤气化工艺自主研究取得了很大成果，已先后开发出多元料浆气化炉、对置式四喷嘴水煤浆气化炉等十多种气化炉和多种气化技术，广泛地应用于化工产业中。例如，国家能源集团低碳院的"中小型气流床煤气化技术"可以用来

▲ 煤可以用来制造天然气

▲ 煤气化生成的合成气是制造火箭燃料的原材料

制备清洁燃气，作为工业燃气或民用煤气，用于各种炉窑，其蒸汽输送煤粉技术、直接液态排渣的气流床气化炉等均达到世界先进水平。

煤气化的产出

人类费尽九牛二虎之力，将固体的煤炭变成气体，真的有这个必要吗？答案是肯定的，就像我们将麦子磨成精粉，然后用精粉做出多种多样的面食。有了气化技术，我们几乎可以将煤炭里面所含的碳、氢物质全部利用，生产出多种多样的高价值产品。

看看煤气化所产出的结果，可以坚定我们发展煤气化产业的信心。

因煤气化的固体燃料性质的不同、气化剂种类的不同、气化方法的不同、气化条件的不同，煤气化所生成的气体也就不同。煤气化不但可以生产天然气等燃料，它生成的合成气还可作为合成液体燃料及各种基本化学品的原料，生产出工业燃料气、民用燃料气、化工合成原料气、合成燃料油原料气、氢燃料电池、合成天然气、火箭燃料等产品。

煤气化之路确实崎岖难走，不仅投资大、难度大，对环境的影响也大，但是它的需求量和用途也大，对煤化工的整体发展起着决定性作用。

煤制天然气和氢气

在煤气化产业中，有两个知名的产品：煤制天然气和煤制氢气。

天然气是指自然界中存在的一类可燃性气体，是存在于地下岩石储集层中以烃为主体的混合气体的统称，其绝大多数为甲烷，主要用作燃料。

煤制天然气就是采用已开采的原煤，经过气化、净化、甲烷化等工艺，生产合成天然气的过程。采用不同气化工艺，煤制天然气的流程也各不相同，总的来说，主要包括备煤、气化、变换、净化和甲烷化等工序。用煤炭生产的天然气与常规天然气结构组分相类似，是一种洁净、优质的燃料。煤制天然气是中国在当前能源结构形势下的特色产业，可以在一定程度上缓解中国天然气供应不足的现状，并且推动煤炭清洁利用技术的发展。

氢气是世界上已知的最轻的气体，它的密度非常小，大约为空气的十四分之一，是一种极易燃烧、无色透明、无臭无味的气体。早在16世纪初，人类就已经通过将金属置于强酸中生产出氢气。

煤制氢气就是以煤炭为原料制取氢气。焦炉气、甲醇、甲醇合成驰放气等煤化

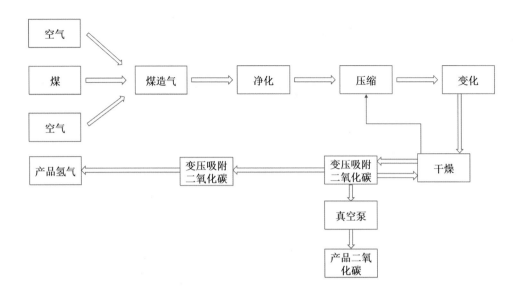

▲ 煤的气化制氢

工的衍生产品，都可以用作制氢的原料。氢气是炼油、石化、煤化工行业的重要原料，也是清洁的二次能源。此外，氢气的能量密度较高，是一种很好的能源载体，是未来能源的发展方向。例如，我们日常生活比较容易接触到的氢燃料电池汽车，燃烧的就是氢气。

我们还可以用电来制氢。我们知道，电能是不容易大量储存的，电能的发出和使用是同步的，而电力系统中的用电负荷又是经常发生变化的，用电高峰期和低峰期的耗电量有很大差异。我们在用煤炭发电的时候，可以利用火电机组调峰制氢，从而优化机组的运行，提高燃煤发电厂的电能利用率，是大容量、长周期储能的一个技术发展方向。

煤的地下气化

有一种煤气化的方法比较特别，即煤在未被开采出地表之前，便在地底下被气化处理好了。煤炭这种"憋屈"的变身方法就是"煤的地下气化"。

煤的地下气化就是将处于地下的煤炭在控制条件下进行燃烧，使煤在加热作用及化学作用下产生可燃气体的工艺过程。由于其气化过程是在地下煤层的反应空间里进行，对气化过程的控制很大程度上要根据煤层的赋存条件作出相应调整，所以

▲ 煤的地下气化在很大程度上取决于煤层的赋存条件

▲ 门捷列夫塑像

比在地面煤气发生炉里的气化过程要复杂得多。

　　煤的地下气化还是以煤炭做原料，以氧、空气、水蒸气为气化剂，转化生成的产品还是以一氧化碳、氢气等为主要成分的气体。当这些气体从排气孔输出到地表，经冷却、洗涤、脱硫等工序处理后，就可以变成供人们使用的可燃气体，经过管道输送至千家万户。生成的合成气体经过化工厂处理，还可以得到氢、甲醇、硫代硫酸钠等化工原料。

　　煤的地下气化听起来很奇幻，但是其概念早在1888年就由俄国化学家德米特里·伊万诺维奇·门捷列夫（Dmitry Ivanovich Mendeleyev）提出来了。1912年，英国进行了首次煤炭地下气化的试验。1936年，苏联煤炭地下气化也进入了试验阶段。20世纪50年代，煤的地下气化技术基本成熟，并且开始投入工业生产。

煤气化的发展趋势

　　我们将煤气化和煤燃烧进行比较，可以发现它们是两个完全不一样的过程。燃烧，是使煤炭中的主要元素与空气中的氧发生燃烧反应，从而获得热能。气化，是使煤炭的有效元素部分氧化，从而获得可利用的气体，用于制备化工产品或清洁燃料。

　　人类将煤炭的有用成分从固体变成气体，确实很有必要。此外，我们不但要继续让它变下去，还要将煤气化的技术发扬光大，让煤炭的变身变得更加完美。

　　我们要不断开发出新的气化技术和新型气化炉，完善煤气化工艺，优化大型煤

▲ 煤气化火炬测试

▲ 平焰型烧嘴安装

气化系统，提高碳转化率和煤气质量，降低投资成本，努力使气化压力向高压发展，气化能力向大型化发展，并且发展煤气化技术与其他诸如发电、合成、余热回收、脱硫、除尘等先进技术的联合应用，提高效率的同时还能减少对环境的污染。

乌金王国之变，好戏将陆续到来。

直接和间接的煤液化之路

煤的液化，又称煤制油，是将煤炭经过一系列的化学加工转化为液体燃料及其他化学产品的过程。目前，煤的液化技术有两种完全不同的技术路线，包括煤炭直接液化技术和煤炭间接液化技术。

在煤炭液化加工过程中，可以脱除煤炭中含有的有害元素如硫等，所生产的液体产品普遍低硫甚至无硫，而且无氮、重金属等有害物质，比一般的石油产品更优质，是一种洁净燃料。

煤液化在中国

中国的富油煤资源十分丰富，转化为油气的潜力很大。煤液化生产的油品质量高、用途广，可以满足航天、航空等领域的燃料需求。

早在20世纪三四十年代，中国就已经有研究机构进行了煤液化技术的研究。1930年10月，中国成立了第一个专门的燃料研究室——沁园燃料研究室，隶属实业部地质调查所，煤直接液化是该研究所成立时四个研究主

▲ 国家能源集团煤直接液化现场全景

题之一。然而，当时的中国未能将其工业化。

　　抗日战争期间，日军对中国沿海实施封锁，军用燃料紧张，使得中国将目光投向了煤液化技术的开发。当时政府开办的北碚焦油厂和重庆动力油料厂，就是为了解决军用燃料不足的问题。

　　中华人民共和国成立之后，重建了锦州合成油厂，同时中国科学院也进行了煤液化技术的相关研发。1959 年中国发现大庆油田后，煤液化技术无法与石油竞争，暂时退出了历史舞台，至 1973 中东战争引发石油危机后才又得到重视。

　　随着中国经济的发展，石油的对外依存度逐年增大，煤液化技术得以快速发展。2008 年 12 月，国家能源集团年产 100 万吨煤直接液化项目一次投料试车成功，标志着中国煤炭液化进入规模化工业生产阶段。

煤炭直接液化技术

　　煤炭直接液化，又称加氢液化，是指煤在高温高压的条件下与氢反应，并在催化剂和溶剂的作用下进行裂解、加氢，从而将煤直接转化为小分子的液体燃料和化工原料的过程。

　　煤炭从固体变身为液体的道理很简单。煤炭是固体，主要由碳、氢、氧三种元素组成，其平均分子量很大。如果给煤炭创造一些条件，让它的平均分子量变小，

▲ 国家能源集团鄂尔多斯煤直接液化工程"神州第一吊"

▲ 国家能源集团煤液化现场夜景

▲ 煤直接液化现场

就有可能将它转化成为液体燃料。煤炭直接液化工艺就是向煤的有机结构中加氢，破坏煤的结构，产生可蒸馏液体。

煤炭直接液化，一般要经历这样的过程：首先要对煤炭进行物理破碎，也就是将煤粉碎成粉末状。煤粉的表面积比较大，可以提高化学反应的速率。然后，在煤粉中加入催化剂、氢气，与之发生化学反应，使煤在加热到至少300摄氏度时转化成为汽油、柴油等。

煤炭直接液化技术开始得比较早。早在1913年，德国就率先研究了煤高温高压加氢技术，并获得了液体燃料。1927年，德国在洛伊纳（Leuna）建成了世界上第一套煤炭直接液化装置，开启了煤炭直接液化之路。1936—1943年，德国有11套煤直接液化装置投产，为当时发动第二次世界大战的德国提供了大约66%的航空燃料和50%的汽车和装甲车燃料。

20世纪50年代，中东发现大规模油田，煤液化技术一度被搁置；70年代，发生石油危机，煤液化再次得到大家的重视和开发，各国先后研发出多种煤炭直接液化的技术。

煤炭间接液化技术

煤炭的间接液化是以合成气（一氧化碳、氢）为原料，在一定压力和温度条件下，定向催化合成燃料油和化工产品，又称一氧化碳加氢法。

煤炭间接液化，一般要经历这样的过程：将煤转化成为一氧化碳和氢气的混合气，然后进行脱氧和脱硫净化处理，调整一氧化碳和氢气的比例，加入催化剂实现煤化工反应，将气体转化成为油品及化工产品。

煤炭间接液化的优点是清洁环保，燃料性能好，产品可以作为化石液体燃料的直接替代品。此外，在煤液化的同时，还能生产大量副产品，可用于生产各种化工产品。例如，国家能源集团低碳院的"合成气一步法生产化学品技术"，可以实现煤炭间接液化的产品向化学品转化，获得高附加值的煤基 α - 烯烃等化学品，不但比传统的甲醇制烯烃（Methanol to Olefins，MTO）工艺节省了步骤，还提升了煤炭转化技术

▲ 国家能源集团百万吨油品直接液化装置

▲ 国家能源集团宁夏煤业 400 万吨煤炭间接液化项目全景

▲ 国家能源集团宁夏煤业煤制油净化装置

▲ 国家能源集团宁夏煤业煤制油油合装置

经济性，同时达到减少碳排放的目的。

目前，煤炭间接液化技术中的费托合成工艺、甲醇转化为汽油工艺已经实现了工业化生产。例如，国家能源集团宁夏煤业年产 400 万吨煤炭间接液化示范项目，于 2016 年 12 月 28 日一次性试车成功，产出了合格油品。该项目通过技术集成和再创新，形成了具有完全自主知识产权的煤基合成油成套技术。中国科学家在费托合成催化剂方面的研究也取得了很大的成果。例如，2017 年，国家能源集团低碳院开发的创新费托合成铁基催化剂 CNFT-1，也在上述示范项目装置上进行了工业应用，标志着中国掌握了煤间接液化的核心技术，为提高中国煤炭清洁高效转化水平奠定了坚实的基础。

直接，还是间接

煤液化为什么有两种不同的技术?

▲ 国家能源集团煤直接液化罐区全景

煤炭如果能够直接变成液体，为什么还要发展间接技术先将它变成气体呢？

　　煤炭直接液化和间接液化是两种完全不同的技术路线，将它们的原料和产品进行比较，可知两者确实有所不同。

　　首先，两种液化技术对煤种的选择差别较大。间接液化是以合成气为原料，原则上所有的煤种都能够气化成为合成气。相反，直接液化对煤质的要求十分苛刻，可以用来直接液化的一般是褐煤、长焰煤等年轻煤种。就算是褐煤和长焰煤，也需要满足一些苛刻的条件，才可以用来直接液化。

　　煤炭间接液化的工艺不同，产品也不同。固定床液化工艺的产品主要是汽油、重质柴油。循环流化床液化工艺的产品主要是汽油、烯烃，烯烃作化工原料可生产多种化工产品。浆态床液化工艺的产品主要是柴油、蜡。

　　煤炭直接液化工艺的产品主要是柴油和汽油。直接液化产品富含环烷烃，经过提质处理及馏分切割，可以得到高端的汽油、航空煤油。此外，直接液化产物也可以用来生产芳烃化合物。

　　在选择是否将煤炭液化，选择采用什么工艺进行液化的时候，我们还要充分考虑环境问题，在

▲ 国家能源集团研发的煤直接液化和煤间接液化调和产品

综合考虑煤炭资源、水资源、环境承载力等诸多因素的基础上进行合理布局。只有解决了污染问题，煤炭的大变身才能够持续发展下去。

煤炭的穷则思变

《周易·系辞下》云："穷则变，变则通，通则久。"变通而图存，是从古至今的中国智慧，是中华文明五千年延续的秘诀之一。

中国能源禀赋的特点是"富煤、缺油、少气"，缺的就是"油"和"气"。我们如果一成不变地守着石油和天然气，而不想其他办法，那就只能继续过穷日子。不想穷下去就必须思变，利用煤炭的气化和液化技术，将相对丰富的煤炭资源变成油和气，打通优势资源向劣势资源补充的通道，不但可以减轻我们对石油和天然气的依赖，而且可以实现煤炭的清洁高效利用，何乐而不为？

虽然发展思路需要不断发展变化，但是并非无序地乱变一通，而是应该遵循规律去变。寻找和把握变化的规律，便是我辈之追求。

人类文明就是不断在变化中求发展，从变化中寻未来。

煤炭的应用途径在变，我们也在变。

▲ 国家能源集团直接液化间接液化柴油调和罐

第六章
乌金王国的壮大

溯源，是一种探寻事物根本和源头的技术，广泛应用于食品、药品、服饰、电子等各行各业。

我们经常听到一些诸如乙醇、烯烃、芳烃之类的化学名词，这些化工原料似乎和我们毫不相干。假如我们替煤炭建立一个溯源系统，具备从原料到成品、从成品到原料的双向追溯功能，通过溯源，就可以将这些化学名词和身边一些看得见、摸得着的东西联系在一起。

更有意思的是，它们还竟然都和煤炭有着密切的联系。

今天，就让我们来干几件追本溯源、刨根问底的事吧。

▲ 粮食

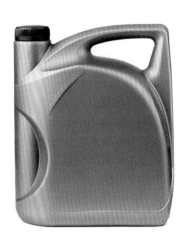

▲ 汽油

煤制乙醇，节约粮食的高招

成语"酒池肉林"，说的是古代商纣王以酒为池，以肉为林，为长夜之饮，以嘲讽其荒淫奢侈的生活。

商纣王喝酒吃肉，怎么就吃喝出罪大恶极来呢？这是因为酒和肉都来源于粮食，酿酒需要粮食，饲养猪、牛、羊也需要粮食。这么一看，酒池肉林所耗费的，不就是从老百姓手里夺来的粮食吗？

粮食的问题，古往今来都是个大问题。

汽油、粮食和乙醇之间的关系

汽油、粮食、乙醇，这三种风马牛不相及的东西，能扯到一起吗？有人说，它们的关系是：如果汽油涨价了，因为乙醇的关系，粮食将会短缺。我们对此不禁疑问，这是真的吗？

汽油是一种透明液体，可燃烧，是用量最大的轻质石油产品之一，是发动机的一种重要燃料。简而言之，汽油就是我们汽车用的燃料。

粮食是烹饪食品的各种植物种子的总称，常见的有稻谷类、麦类、豆类等，是人类生存的必需品。《礼记·王制》云："国无九年之蓄曰不足，无六年之蓄曰急，无三年之蓄曰国非其国也。"民以食为天，粮食是老百姓最关心的问题，更是一个国家之根本。

汽油和粮食，两者貌似没有什么必然的联系。可是，乙醇这个"搅局者"加入之后，形势马上大变。

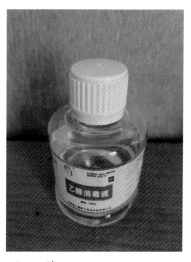

▲ 酒精

乙醇的用途

乙醇是一种有机物，俗称酒精，在常温、常压下是一种易燃、易挥发、具有特殊香味的无色透明液体。

将乙醇和汽油搭上关系的，是乙醇的用途。

乙醇的用途非常广泛，国防、医疗、有机合成、食品等行业的生产都需要用到它，我们常见的用乙醇生产的产品主要有饮料、醋酸、香精、燃料、染料、消毒剂等。例如，医用酒精，就是我们打针时用来消毒伤口的那种，其主要成分就是乙醇。

▲ 消毒液

乙醇具有很高的辛烷值，可以用作汽油添加剂替代甲基叔丁基醚。加入了乙醇的汽油，还可以有效地减少污染。燃料乙醇在美国、巴西等地已经广泛使用，其生产的主要原料为玉米和蔗糖。

在中国，2017 年 9 月，国家发展和改革委员会等联合印发了《关于扩大生物燃料乙醇生产和推广车用乙醇汽油的实施方案》文件，明确推广生物燃料乙醇生产和推广使用车用乙醇汽油。

▲ 玉米是燃料乙醇的主要原料

目前,中国燃料乙醇主要通过生物发酵法制取,用于生产乙醇的原料主要有玉米、木薯等。

原来乙醇也可以用作汽油,为我们的汽车做燃料提供动力。如果石油涨价,大量的粮食将被用来生产燃料乙醇,粮食就会短缺。为避免与人们争夺粮食,国家只允许用陈化粮做燃料乙醇。

传统的乙醇生产

饭桌上,我们经常可以见到乙醇的身影,因为我们喝的酒里就含有不同比例的乙醇。拿出一瓶酒,可以看到上面标注了度数,这个数就是酒精含量,是指该种酒在20摄氏度条件下,每100毫升的酒中含有的乙醇体积,通常用百分比来表示。例如,啤酒的酒精度数一般低于12度,葡萄酒的酒精度数一般在8~15度,白酒的度数一般有38度、42度、45度、52度等。

据统计,中国每年约200万吨以上的乙醇用于酒精类饮品的生产。

酒是怎么被生产出来的呢?传统生产酒精的方法,就是用粮食酿酒。中国酿酒

▲ 传统生产酒精的方法是用粮食酿酒

历史十分悠久，最初的酒是果酒和米酒，历经各朝代的发展至今，多是以果实、粮食蒸煮，加酒曲发酵，压榨，而后出酒。后来，酿酒工艺不断改进，从蒸煮、曲酵、压榨变为蒸煮、曲酵、蒸馏，酒精得到了进一步的提纯。

给酒溯源的结果是粮食。传统的酿酒工艺无论怎么变化，都离不开以粮食为主要原料。然而，这种传统的制乙醇技术要消耗大量粮食，其乙醇转化率很低。酿的酒越多，所耗费的粮食便越多，老百姓的日子就会越来越苦。商纣王以池塘来装酒，浪费了那么多粮食，自然也就激起了民愤。

煤制乙醇直接法

乙醇生产耗费大量粮食，不但成本较高，而且中国生产乙醇的粮食还需要从外国进口，这就不得不引起我们的重视。于是，我们想出了用煤炭从乙醇"嘴"里抢粮食的办法，绕过粮食这道坎，发展煤制乙醇技术。

用煤制乙醇，就是以煤炭为原料经气化为合成气，然后制造乙醇。国内外经过多年的研究开发，目前已经形成了多条合成气制造乙醇的路线，并可以划分为直接法和间接法两大类。

直接法也有两条主要路线：合成气化学催化路线和合成气生物发酵路线。

合成气化学催化路线：以煤炭为原材料，通过气化炉气化工艺生产合成气，合成气通过催化剂被转化成为低碳醇，再经过分离就可以得到乙醇。该技术的关键是要研制出选择性高而且耐受性强的催化剂。

合成气生物发酵路线：该工艺需要通过厌氧微生物的新陈代谢来实现。合成气净化后，通入含厌氧菌种的液体培养基中，由厌氧型细菌利用合成气的氢气、一氧化碳、二氧化碳等发酵合成乙醇，然后再经过分离、精馏等工序得到高纯度的乙醇，实现煤化工技术和生物化工技术的结合。

甲醇和甲醇汽油

煤炭间接法生产乙醇，首先必须用煤炭生产出甲醇。

甲醇是一种低碳的碳氢化合物，也是一种无色、有酒精气味、易挥发的易燃液体。甲醇的用途十分广泛，可用于精细化工、塑料等多个行业，是一种基础的有机化工原料和优质燃料。以甲醇为原料生产化工产品的行业称为甲醇化工行业。

目前，合成气制甲醇是世界上生产甲醇最主要的方法，煤炭经合成气制甲醇占

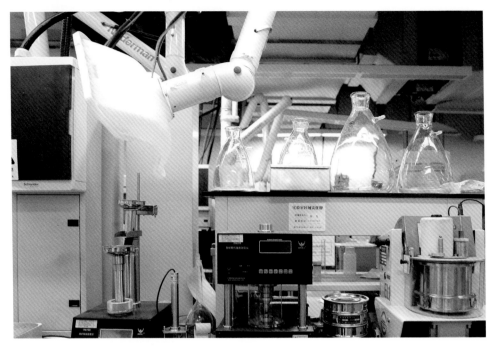

▲ 国家能源集团低碳院甲醇催化剂成型装置

了主导地位。经过多年的研发，中国已开发出多种甲醇生产技术，处于世界先进水平。例如，国家能源集团低碳院的"甲醇合成催化剂技术"，瞄准国内 60 万吨级和百万吨级甲醇的应用，实现自主创新技术替代国外技术垄断，已完成了年产甲醇 12 万吨规模装置上的工业试用验证，催化剂低温活性高、选择性好、寿命长，正在开展百万吨级应用推广。

甲醇生产出来后，可以马上让它与汽油搭上关系。在汽油里掺入一定量的甲醇、添加剂，可以制成不同标号的甲醇汽油。例如，往汽油里掺入 15% 的甲醇，就是 M15 甲醇汽油，掺入 85% 的甲醇就是 M85 汽油，100% 的甲醇燃料则是 M100。

煤制乙醇间接法

当然，我们可以用煤制甲醇来生产乙醇。煤制乙醇间接法用的是比较成熟的甲醇合成技术，先将合成气转化为甲醇，然后用甲醇制醋酸，再用醋酸生产乙醇。煤制乙醇间接法的主要路线有：

合成气经醋酸然后酯化加氢制乙醇。此方法含两个主要步骤。第一步，醋酸脂合成；第二步，醋酸脂加氢催化剂。该工艺比醋酸直接加氢工艺的反应、分离更为简单，是中国最先实现工业应用的合成气制乙醇路线。

合成气经醋酸然后直接加氢制乙醇。此方法含三个主要步骤。第一步，合成气制甲醇；第二步，甲醇合成醋酸；第三步，醋酸直接加氢制乙醇。相对于醋酸酯化加氢工艺，此工艺流程短、能耗低、乙醇收率高，投资收益较好。

合成气经二甲醚羰基化制乙醇。此方法含四个主要步骤。第一步，合成气制甲醇；第二步，甲醇制二甲醚；第三步，二甲醚羰基化制醋酸甲酯；第四步，醋酸甲酯加氢制乙醇。这是一项避开了贵金属催化剂及特殊材料工艺的醋酸路线。

▲ 国家能源集团低碳院甲醇催化剂实验室放大装置

乙醇汽油香不香

用乙醇为燃料有很多的好处。乙醇在部分替代汽油作为发动机燃料的同时，还可以作为汽油增氧剂，有利于汽油的充分燃烧，减少汽油用量的同时还能够洁净尾气，减少对大气的污染。由于燃料乙醇可以有效地提高汽油中的辛烷值，增强内燃机的抗爆抗震性，汽车发动机的运行可以更加平稳，工作效率更高。此外，乙醇汽油还可以有效消除发动机的火花塞、气门、活塞顶部、排气管等部位的积炭的形成，延长汽车主要部件的使用寿命。

▲ 国家能源集团煤制乙醇催化剂工业放大过程

用煤炭或合成气生产的低碳含氧燃料，称为醇醚燃料。中国生产的醇醚燃料主要包括甲醇、二甲醚、乙醇等含碳、氢、氧的有机化合物。用醇醚燃料替代石油燃料，这个做法一直都存在着争议。然而，中国的石油资源少，对外依存度高，长期依靠进口石油风险极大，用煤炭资源发展煤基醇醚燃料替代一部分石油是一条值得我们去探索的路。

随着煤制乙醇技术的发展、成熟和完善，煤制乙醇产业将对中国，乃至世界的能源格局、能源安全等方面起到积极的作用。

假如乙醇和乙醇的产品都不和人类"抢粮"，汽车不需要因燃烧汽油而与人类"争食"，这个世界便会少一些饥荒和落后，多一分温暖和文明。

煤制烯烃，根治石油依赖症

在非化学专业人士眼里，烯烃这个词一定很陌生，不但难读，而且不知其为何物。今天，我们就对烯烃进行一次反向溯源，看看它到底是什么？

什么是烯烃

烯烃是含碳碳双键的碳氢化合物，属于不饱和烃，可以分为链烯烃与环烯烃。烯烃有一个非常响亮的外号——"石化工业之母"，是衡量一个国家的石油化工发展水平的标志。

按含双键的多少划分，烯烃可以分为单烯烃、二烯烃等。单链烯烃分子中含有

▲ 国家能源集团低碳院甲醇制烯烃催化剂反应评价装置

▲ 国家能源集团低碳院自有专利技术"有机含氧化合物制低碳烯烃与 C5+ 烃催化裂解耦合工艺"在国家能源集团内部 180 万吨甲醇制烯烃工业装置中获得应用

一个碳碳双键，为非极性分子，不溶或微溶于水。二烯烃含两个碳碳双键。

再看烯烃的物理性质，更是让人捉摸不透。乙烯、丙烯、丁烯等简单的烯烃是气体，而那些含有 5～18 个碳原子的直链烯烃是液体，有些更高级的烯烃是蜡状固体。

烯烃的化学性质比较稳定，大部分烯烃的反应都有双键的断开并形成两个新的单键。在尝试给烯烃加氢后，发现其加氢反应的活化能很大，即使在加热条件下也难发生。为此，我们只能给烯烃进行催化加氢，在催化剂的作用下反应就能顺利进行。

说了半天，我们对烯烃的印象依旧处于朦胧中。

▲ 丙烯气瓶

烯烃家族的顶梁柱：乙烯和丙烯

为了看清烯烃的真实面目，我们继续溯源，给烯烃拍一张"全家福"，从它的家庭成员入手。烯烃的"全家福"里，最不能缺席的是这两位家庭成员：乙烯和丙烯。

乙烯是最简单的烯烃，含有一个双键，是由两个碳原子和四个氢原子组成的化合物。科学家研究发现，乙烯分子的所有原子都在同一平面上，每个碳原子只和三个原子相连。

乙烯是植物的一种代谢产物。在植物的某些组织、器官里可以找到乙烯，它由蛋氨酸在供氧充足的条件下转化而成；它可以使植物生长减慢，促进其落叶和果实成熟。乙

▲ 乙烯气瓶

烯也可以通过工业的方法获得。在还未培育出乙烯的后代——聚乙烯之前，就已经可以让我们一睹其用途之风采，这里我们列出其中几种：果实成熟之前作果实催熟剂，制造合成橡胶、合成塑料、合成树脂等产品，生产聚乙烯、聚氯乙烯、醋酸等化工材料。

丙烯是乙烯的兄弟产品，可以看作是乙烯分子中一个氢原子被甲基取代后的产物，是无色、有烃类气味的气体。

丙烯可以用来生产丙烯腈、环氧丙烷、异丙苯、异丙醇、环氧氯烷、丙烯醛、丙烯酸、丙烯醇、丙三醇、丙酮、丁醇、辛醇、丙酮、甘油等多种有机化工原料，也可以用来生产合成橡胶、合成树脂、合成纤维等化工产品，应用到环保、医疗等领域。当然，生产聚丙烯也是它的主要用途之一。

后起之秀：聚乙烯、聚丙烯

我们继续反向溯源，真相在向我们靠近。

烯烃家族的"全家福"里，如果少了聚乙烯和聚丙烯，生活中的一些产品将无法得以实现。我们已经知道，乙烯和丙烯是化学工业基础有机原料，而它们的下游产品主要是聚乙烯和聚丙烯。

聚乙烯和聚丙烯是聚烯烃里的两种。聚烯烃是指烯烃的化合物，通常是指乙烯、丙烯或高级烯烃的聚合物，其中最重要的就是聚乙烯和聚丙烯，是用途十分广泛的高分子材料。

聚乙烯，英文缩写为PE，是乙烯烃聚合制得的一种热塑性树脂。聚乙烯不但是

▲ 聚乙烯装置

▲ 聚丙烯装置

结构最简单的高分子，而且是应用最广泛的高分子材料。

1933 年，英国卜内门化学工业公司发现了乙烯在高压下可聚合生成聚乙烯，不久后就将其用于工业生产中，聚乙烯便开始了它的化工之旅。现在，我们的日常生活已经与聚乙烯密不可分，包括薄膜、塑料瓶、管材、注射成型制品、电线包裹层、合成纤维等多种日常用品。

聚丙烯，英文缩写为 PP，是一种半结晶的热塑性塑料，也是我们熟知的一种高分子材料。聚丙烯有较高的耐冲击性，机械性质强韧，可以抵抗多种有机溶剂和酸碱的腐蚀。

聚丙烯管材就是常见的一种聚丙烯产品，广泛应用于建筑行业。此外，生产家用的电器、灯饰、照明等各种用品，都可以用聚丙烯做原料。有意思的是，有些国家甚至使用聚丙烯来生产货币。

烯烃，终于和我们有了极为亲密的接触。

烯烃的溯源

我们再继续给烯烃做一次正向溯源，可发现烯烃的生产方式主要有两种：石油裂解制烯烃和煤制烯烃。

石油裂解制烯烃，其产品以乙烯为主，同时联产丙烯和碳四馏分，经过二甲基甲酰胺，或者乙腈法抽提可以生产丁二烯。

煤制烯烃则需由煤气化制合成气，再由合成气经甲醇制烯烃。煤制烯烃系列产品主要是乙烯和丙烯。

目前，世界上大多数国家以石脑油、乙烷、丙烷和瓦斯油为原料，通过裂解工艺生产烯烃。鉴于中国"富煤、贫油、少气"的能源格局，依靠石油生产烯烃所付出的成本和代价十分高昂，每年聚乙烯和聚丙烯的进口量较大。为了破解烯烃这个难题，中国科学家经过自主创新，

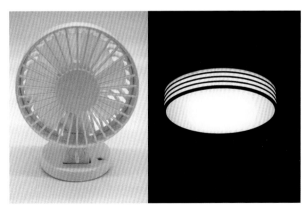

▲ 聚丙烯材料可以用来制造家用电器和家居产品

▲ 国家能源集团包头煤制烯烃项目厂区
罐区

▲ 国家能源集团包头煤制烯烃项目厂区
全景

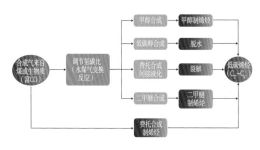

▲ 煤制烯烃

绕开了对石油的依赖，研发出用煤炭生产烯烃的新技术。与石油裂解制烯烃相比，煤制烯烃不仅使成本大大降低，在经济性与发展前景上也有很好的优势。

煤制烯烃，正在悄然改变着中国烯烃市场的格局。

煤制甲醇制烯烃

如果用传统方法，乙烯和丙烯主要靠石油烃类蒸气裂解，其原料主要是石脑油。此外，中东地区主要是靠乙烷裂解制造乙烯和丙烯，所以成本低廉。用甲醇生产烯烃，是中国开发非石油资源制取烯烃的一个重要生产路线。

中国煤制甲醇转化烯烃的技术世界领先，并且在国内实现了工业化，其工艺主要包括煤的气化、合成气的净化、甲醇合成、甲醇制烯烃四个步骤。

甲醇转化为烯烃是一个复杂的过程，甲醇首先要转化为二甲醚，然后将二甲醚脱水才能生成烯烃。甲醇催化脱水生成乙烯的同时，还生成了甲烷、乙烷、丙烷、丙烯、丁烯、芳香烃等，利用逐级低温精馏的方法，我们可以分别得到乙烯、丙烯、丁烯等产品。

目前，甲醇制烯烃最主要有两种工艺：甲醇制烯烃和甲醇制丙烯（Methanol to Propylene，MTP）。甲醇制烯烃工艺的产品主要是乙烯和丙烯。DMTO 是中国科学院大连物理化学研究所开发的甲醇制烯烃技术，并在世界率先实现工业化，2010 年 8 月，国家能源集团采用 DMTO 技术在内蒙古自治区包头市建成了 180 万吨甲醇、60 万吨烯烃的世界第一套大型工业示范工厂，并进入商业化运行。

▲ 国家能源集团低碳院煤化工甲醇制烯烃催化剂

合成气直接制烯烃技术

我们能否绕过甲醇，直接用合成气制造烯烃呢？答案是肯定的。合成气直接制烯烃技术，是现代煤化工领域的又一个重大突破。

合成气直接制烯烃技术与甲醇制烯烃技术相比较，避免了形成甲醇、二甲醚等中间体的步骤，具有工艺过程短、目标产品选择高、分离提纯容易、耗水量低、废水排放少、单位产品综合能耗低、投资成本低等特点。

在学术界，合成气直接法制烯烃有两种主要的工艺路线。一种是双功能催化剂反应偶联，合成气经甲醇或甲氧基合成以乙烯、丙烯、丁烯为主的低碳烯烃。另一种是费托合成制低碳烯烃，利用传统铁基、钴基催化剂，催化一氧化碳经费托合成直接加氢制 α - 烯烃。

目前，合成气直接制烯烃工艺仍面临着基础研究、催化剂设计、工业应用、产业联合等方方面面的问题，需要我们继续深入研究和开发。例如，要提高催化效率、目标产物烯烃选择性及催化稳定性，对催化剂有较高的要求，是研发的一个重点。

▲ 国家能源集团新疆煤制烯烃 SHMTO 工业装置

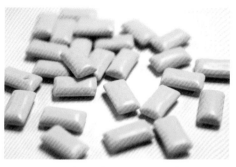

▲ 增加了费托蜡的口香糖口感会更好

▲ 塑料瓶

发展煤制烯烃技术

我们日常用品中，塑料、染料、药物、橡胶、润滑剂、化妆品等化工产品，都离不开烯烃这类原料，而且其需求量十分巨大。如果计算人均消费，中国人均烯烃类消耗量，包括聚乙烯、聚丙烯的消费量，与发达国家存在着很大的差距，所以有很大的上升空间。

然而，受能源结构的限制，中国如果继续依赖石油来生产烯烃，依赖进口烯烃来满足国内的消费，这个空间便只能被限制、被压缩。

治好石油依赖症，满足人民日益增长的美好生活的需要，煤制烯烃技术已不能缺席。

经过多年的努力，中国煤制烯烃技术总体上已经比较成熟，可以在工业生产中大规模推广使用，并且已成为世界煤制烯烃技术的引领者。例如，2020年6月19日，国家能源集团化工公司"神华甲醇制烯烃SHMTO成套技术开发及工业应用"科技成果顺利通过中国石油和化学工业联合会鉴定。该技术指标先进，应用性强，整体技术达到了国际先进水平，开发的大型甲醇制烯烃的流化床高效反应器、急冷水洗系统处于国际领先水平。

费托蜡，煤炭身上长出来的金手指

有些事物天生就没有当主角的命。然而，配角也可以活得很精彩，也可以化腐朽为神奇，也可以主宰命运、扭转乾坤。

费托蜡就是这么一种拥有点石成金之奇效的最佳配角。

费托蜡和塑料

费托蜡的故事，先从塑料开始。

塑料是一种高分子化合物，其主要成分是树脂。按照塑料的用途，可以分为通

▲ 国家能源集团低碳院间接液化费托合成铁基催化剂 CNFT-1

用塑料、工程塑料和特种塑料三种。

通用塑料一般产量大、用途广，除了聚乙烯、聚丙烯，还包括聚氯乙烯、聚苯乙烯、丙烯腈－丁二烯－苯乙烯共聚合物等。工程塑料具有良好的机械性能，且耐高温低温，可用于汽车、建筑、机械、航空、航天等领域。特种塑料则更厉害，可以在航空、航天等特殊领域发挥奇效。

塑料的制造成本低，具备了耐用、防水、质轻、绝缘、易塑等优点，但是也有着易老化、耐热差、无法降解等缺点。人类想出了各种各样的办法来对塑料进行取长补短，以便更好地为我们所用。其中，添加剂就是改变塑料性能的方法之一。虽然决定塑料基本性能的是树脂，但是添加剂也起着十分重要的作用。

费托蜡便是塑料添加剂大军中的一员。

为了塑料加工的方便，我们可以在聚烯烃成型加工过程中加入一些高熔点费托蜡，即可大幅提高产率并降低反应温度。如果我们对塑料的性能还不够满意，例如

▲ 固定床钴基费托粗蜡

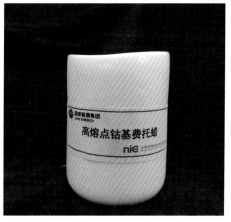

▲ 国家能源集团低碳院钴基费托制高熔点蜡技术粗蜡产品

想制造高端的聚氯乙烯管材，我们可以在生产时加入少量的高熔点费托蜡，可降低黏度、促进流动，提高管材的表面光泽和热稳定性，延长其室外使用寿命。

什么是费托蜡

费托蜡是通过费托合成技术，以合成气（一氧化碳和氢气）为原料，一定条件下在费托反应器中进行反应，并通过加氢精制处理后获得的一种产品。

1923年，德国化学家弗朗兹·费歇尔（Franz Fischer）和汉斯·托罗普施（Hans Tropsch）首次发现一种以煤或天然气生成的合成气为原料，在催化剂的作用下合成以液体燃料为主的工艺过程，并以二人姓氏命名为费托合成（Fischer-Tropsch Synthesis）。这种工艺可用于生产烯烃、溶剂油、高碳醇、高熔点蜡等领域。

费托蜡几乎不含硫、氮、芳烃等杂质，可以达到食品级要求。在常温下，费托蜡的化学性质十分稳定，具有熔点高、熔点范围窄、针入度低、含油量低、熔融黏度低、迁移率低、坚硬、耐磨及稳定性高的特点。

煤制费托蜡技术

煤制费托蜡，首先是以煤为原料，生成由一氧化碳、氢气组成的合成气，在催化剂的作用下，合成气反应生成液体烃，再经加氢精制反应，将其中的含氧化合物（如醇和酸）和烯烃等进行饱和，最后转变成以烷烃为主的混合物。

催化剂是保证费托合成反应进行的必要条件。煤制费托蜡的关键技术就是催化剂，比较常用的是铁基催化剂和钴基催化剂。相比而言，钴基催化剂生产的费托蜡

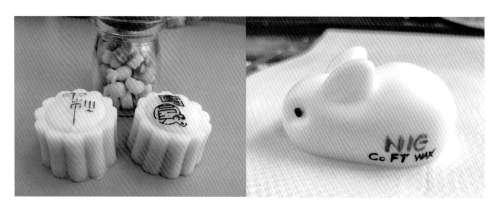

▲ 国家能源集团低碳院固定床钴基费托粗蜡制品

无论是外观还是性能，都优于铁基催化剂生产的费托蜡。

在费托蜡的众多性能指标里面，我们比较关注熔点。熔点是指固体物质的物态由固态转变为液态的温度。国产费托蜡产品按滴熔点或凝点来划分牌号，主要有60号、70号、85号、95号、100号、105号、110号等。

费托蜡的熔点和催化剂有关。铁基催化剂主要用于生产滴熔点105摄氏度以下的费托蜡，生产再高熔点的费托蜡就只能使用钴基催化剂了。高熔点的费托蜡不但熔化温度高，而且白度好，硬度大，对身体有害的芳香烃含量较低，可以广泛用于食品、医药、化妆品、油墨、涂料、塑料加工、炸药等领域。例如，国家能源集团低碳院研发的"生产高熔点蜡钴基催化费托合成技术"，各项指标优异并且达到国际先进水平，可以用于高熔点蜡产品国产化生产，打破国外对中国食品级高熔点蜡技术的垄断，同时实现传统燃料向高端化学品的转化。用该技术生产的高熔点费托蜡，温度要高于70摄氏度时才开始熔化，115号蜡甚至在温度高于115摄氏度时才发生熔化。

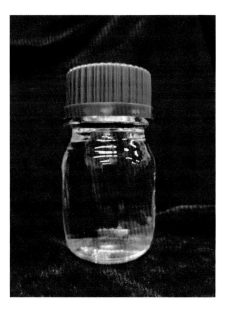

▲ 国家能源集团低碳院间接液化钴基费托食品级白油

费托蜡和医药

医药是人类用于预防和治疗疾病、减少痛苦、增进健康的物质。当医药产品遇到费托蜡，便又演绎出了许许多多的故事。

生产蜡膏、油膏、栓剂、药丸的肠溶糖衣等医药用品，都是费托蜡的用武之地。例如，给药丸、药片加上糖衣，再裹上一层薄的费托蜡，不但外观看起来漂亮，而且还可以避免在吞咽时在口腔内留下令人不快的味道；用费托蜡做的油膏稠如黄油，可以涂抹在皮肤上；用费托蜡做的栓剂放入人体，在37摄氏度的体温下可以融化。

牙科也是费托蜡的"大客户"。因为费托蜡具有高可塑性、低熔点、无毒、低硬度、容易成型、易铸造等特点，可以用来制造假牙、牙套等高精度的产品。

在病理研究方面，费托蜡也可以大显身手。蜡类材料可以用作包埋处理，把试

▲ 国家能源集团低碳院固定床钴基费托粗蜡产品

料组织渗透到蜡上，然后把组织和石蜡一起进行切片，便可以更好地用显微镜进行检查。

神出鬼没的费托蜡

费托蜡出没于各行业的各种产品中，其用途数不胜数，可谓极尽其"金牌配角"之能事。这里挑选了一部分进行介绍。

纺织。费托蜡可以用于上浆、印花、上光、防水等工艺。例如，在防水工艺中，蜡质被涂覆在纺织物的表面，可以堵塞其细孔，使其具备防水性，可用于制造雨衣、雨伞等雨具。

橡胶。费托蜡可以用作橡胶的防老剂和增韧剂。橡胶制品加入一定量的费托蜡，可以在胶料表面形成一层惰性的、结构致密、黏附性强、非结晶、有韧性的薄膜，蜡膜可以与臭氧反应，阻碍臭氧、光、热对橡胶的侵蚀，所以能够增强橡胶的抗氧化性能，抑制老化的发生，延长使用寿命。

沥青。沥青中加入费托蜡，当温度低于熔点时，费托蜡在沥青胶体结构中形成晶格结构，可以提高沥青的稳定性，以及沥青混合料的抗车辙能力和压实度。

色母粒，又称颜料浓缩物，是目前最常用的着色方法。用费托蜡作为色母粒的分散剂，可以明显提高生产效率和产品质量，降低生产成本。

一次性纸杯和饭盒。我们在使用一次性纸杯、饭盒盛热水和热食时，是否担心过高温会融化纸杯或饭盒，进而产生对人体有害的物质？在纸杯和饭盒的表面涂上一层高熔点费托蜡，此担心便可释然。

果蔬保鲜剂。水果蔬菜里含有大量水分，如果不作保鲜处理，便会很容易失去水分，导致品质下降。如果果蔬需要削皮后吃，而且需要长途运输，保存时间较长，那就可以在其表面涂抹上一层费托蜡，堵塞其表皮的气孔，即可减少水分的散失，有利于保持果蔬的新鲜度。

口香糖是一些人的喜爱之物。在口香糖里添加费托蜡，可以调节口香糖的口味，增加糖分的溶解度，使口感更好。此外，还可以用高熔点、高硬度的费托蜡对口香糖进行抛光，既可以改善其外观，又可以避免其受潮。

化妆品是爱美之人的恩物，蜡是生产化化妆品的重要原料。蜡可以生成排水性的薄膜，能够起到乳化剂的作用，且可作增稠剂改进乳状液的结构和光滑度，还能增加皮肤的光泽。所以，在发蜡、唇膏、睫毛膏、眼线等化妆品里面，往往使用了费托蜡。

房间里铺设的木地板，用费托蜡给它上一层抛光保护剂，可以减少木地板的磨损，增加其光泽，并且防止水、水蒸气和空气的渗入。

费托蜡还可以在家禽屠宰加工时用于褪毛。在家禽屠宰加工业中，将鸡、鸭、鹅等家禽宰杀并快速去除粗毛后，再浸入融化的费托蜡中，使其表面黏附一层蜡后拿出，等蜡层固化后敲碎除去，

▲ 费托蜡可以用作橡胶制品的防老剂和增韧剂

▲ 费托蜡可以提高沥青的稳定性

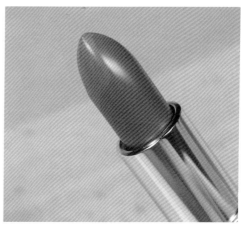

▲ 发蜡唇膏等化妆品里经常藏有费托蜡

家禽被拔毛后所留下的羽毛管、小羽毛等杂物便都被费托蜡除掉了。

……

没有最好，只有更好。如果费托粗蜡不能满足需要时，我们还可以通过精制技术对它进行升级改造。例如，国家能源集团低碳院研发的 NICE-SEWAX 高熔点费托蜡精制技术，是一种绿色溶剂萃取结晶技术，适合全馏分梯级精细分离，产品纯度高、含油量低、碳数分布窄，而且方案灵活、工艺条件温和、易于操作。

费托蜡之于人类就如同食盐之于菜肴、二氧化碳之于汽水、润滑剂之于机械，它为各种产品添加出更好的性能，为我们的生活点缀出更多的精彩。

从黑煤炭到洁白的费托蜡，煤炭又完成了一次从颜色到形态的亮丽变身。

穿在身上的煤炭制品

当我们买衣服时，除了关心款式、颜色、质量等，还应该看看它是用什么材质做成，才可保证穿着起来舒服又好看。例如，我们在某件衣服的吊牌里会看到这些内容："涤纶含量：95% 以上""材质：涤纶""材质成分：聚酯纤维 100%"。

衣服的材质为什么不是布料？这上面写的涤纶和聚酯纤维是什么东西？它们会与煤炭有关联吗？

从蚕丝到合成纤维

相传，在 4500 多年前，黄帝打败蚩尤成为部落联盟的首领，并且对联盟内部进行分工管理。黄帝的妻子嫘祖负责生产衣服，正是她在那个时候发明了养蚕缫丝，开启了中国人生产丝绸的大门。用蚕丝制作的丝绸是中国的特产，在古代就很受欧洲人的欢迎。闻名中外的丝绸之路就是因丝绸贸易而起，并发展成为连接东西方的文明之路。时至今日，丝绸仍是受到人们欢迎的精美衣料。

用蚕丝织布成本高昂，古代只有王公贵族们才用得起，普通老百姓制作衣服的布料便是用麻、棉、毛等相对廉价的材料纺织而成。这些用来纺织制衣的原材料，无论是蚕丝，还是麻、棉、毛等，都属于纤维，称为天然纤维。

纤维是指由连续或不连续的细丝组成的物质。纤维的用途包括纺织、造纸、复合材料等。人类除了使用天然纤维以外，还懂得生产和使用化学纤维。

化学纤维是指以天然高分子化合物或人工合成的高分子化合物为原料，经过制

▲ 蚕茧

▲ 合成纤维织成的布料

备纺丝原液、纺丝和后处理等工序制得的具有纺织性能的纤维。化学纤维可以分为人造纤维和合成纤维两大类。

　　人造纤维是用竹子、木材、大豆等天然高分子化合物或其衍生物做原料，经溶解后制成纺织溶液，然后纺制成纤维。在商场或者网店，我们经常可以看到和买到用人造纤维生产的产品。

　　合成纤维是将人工合成的、具有适宜分子量并具有可溶性的线型聚合物，经纺丝成形和后处理而制得的化学纤维。用来生产合成纤维的高分子化合物包括聚丙烯腈、聚酯、聚酰胺等。

　　通过溯源，我们找到了这么一条线索：纤维可以用来织布，纤维分为天然纤维和化学纤维两大阵营，棉、毛、麻、丝绸等是天然纤维，用聚酯等高分子化合物生产的纤维则是化学纤维。

聚酯和涤纶

　　聚酯是由多元醇和多元酸缩聚而得的聚合物总称，主要指聚对苯二甲酸乙二酯。工业生产中，可以由对苯二甲酸和乙二醇发生酯化、脱水缩合反应得到。

　　聚酯的用途十分广泛，可用于化学纤维、薄膜、塑料、包装材料、电子电器、汽车等领域。

　　涤纶是合成纤维的一种，是聚酯纤维的商品名称。涤纶具有韧度高、弹性好、耐热性强、热塑性好、抗溶性差、耐磨性好、耐光性好、耐腐蚀、染色性差但色牢度好、吸湿性差等特点。用涤纶布料制作的衣服，具有强度好、易洗快干等优点，但是手

▲ 竹子是制造人造纤维的原料之一

▲ 木材也是制造人造纤维的原料

感较差，比较硬。

为了改善涤纶纤维，还可以采用以各种纺织纤维混纺或者交织的方法，生产出仿毛、仿丝、仿麻、仿皮等效果，将衣服做得就像是用天然纤维制作的一样，这样会更容易受消费者的喜欢。例如，我们用涤纶生产出涤纶仿真丝织品，包括涤丝绸、涤丝绉、涤丝缎、涤纶乔其纱、涤纶交织绸等。这些涤纶仿真丝织品具有真丝的外观，不但光泽柔和、手感柔软细腻，穿着起来飘逸滑爽、美观大方，而且价格十分亲民，耐磨、易洗、免烫，保养成本十分低廉。

从天然纤维到化学纤维，从束之高阁的贵族专用丝绸到平民百姓都用得起的仿真丝，人类的布料发生了翻天覆地的巨变。嫘祖如果能见到我们生产的涤纶仿真丝，恐怕要为她的蚕儿们鸣不平了。

甘之如饴的乙二醇

继续溯源，我们来寻找聚酯和涤纶的来源。

想象一下，放在我们面前的是这么一杯液体：清澈透明，闻着没有气味，尝一口发现甜甜的，这种饮料……这个时候你必须马上停止这种想象，因为这杯液体名叫乙二醇，有毒！不能喝！一个成年人误食30毫升乙二醇，就有可能导致死亡。

不能喝的乙二醇是一种重要的有机化工原料，能与无机酸或有机酸反应生成酯，能与水、丙酮互溶，主要用于生产聚酯纤维、聚酯塑料、防冻剂、润滑剂、增塑剂、表面活性剂、涂料、油墨等化工产品。例如，乙二醇可以以任何比例和水混合，混合后可以改变水的冰点，所以它可以制成防冻液。

在乙二醇的众多用途当中，聚酯纤维是最主要的一种。

▲ 以聚酯纤维为主要面料的女装

▲ 涤纶女裙

煤制乙二醇

由于乙二醇的用途广泛，是重要的化工原料甚至是战略物资，各国非常重视其生产开发。20 世纪 70 年代石油危机爆发之后，各国更是将目光转移到了煤炭身上，想方设法用煤炭生产乙二醇。

乙二醇的生产工艺有很多种，按照原料分类，可以分为乙烯法和合成气法。

以乙烯为原料，通过氧化、水合两步反应生成乙二醇，是传统的乙二醇生产方法。生产乙烯的原料是石脑油、乙烷和甲醇。目前，世界上用石脑油生产的乙二醇占了全球产能的 60% 左右，是主流。其方法是：用石脑油裂解制造乙烯，以乙烯、氧气为原料，在银催化剂的作用下，将乙烯直接氧化生成氧乙烷，氧乙烷与水进行水解反应生成乙二醇，乙二醇溶液经过蒸发提浓、脱水、分馏等步骤，可以得到乙二醇和其他副产品。

合成气法是以合成气为原料，直接或者间接生成乙二醇。

直接合成法就是以合成气一步直接合成乙二醇，是一种较为简单的乙二醇合成法。

间接合成法主要有四种工艺方法，包括草酸酯法、甲醛和一氧化碳羰化法、以甲醇和甲醛为原料的氧化还原法、甲醛缩合法。

▲ 聚乙二醇

煤制乙二醇可以用间接合成法中的草酸酯法。其工艺过程包括：煤气化制合成气，合成气经酯化羰化制草酸二甲酯，草酸二甲酯加氢制乙二醇。与石脑油法比较起来，用草酸酯法制造乙二醇的成本较低，近年来发展较快。

煤制乙二醇还可以用烯烃法进行生产，将煤制烯烃和石油生产乙二醇的工艺相结合，首先以煤为原料经气化、变换、净化得到合成气，然后经甲醇合成制得乙烯，经乙烯环氧化、环氧乙烷水合及产品精制，最终得到乙二醇。

"遗憾"的乙二醇

乙二醇还有一个很好听的名字，叫作甘醇。甘醇的遗憾不是它不能喝，而是用煤生产的乙二醇的质量有问题。

鉴于实际情况需要，中国开发出了煤基合成气制乙二醇工艺，可以替代石油制造乙二醇的路线，并且成为煤炭清洁利用的一个重要途径。2009年10月，中国科学家经过几十年的努力，建设完成了世界上首套煤制乙二醇工业示范装置，并于12月7日打通全流程，生产出乙二醇。但是，世界上生产乙二醇的原料主要还是石油，以煤炭为原料生产高质量的乙二醇的难度仍然极大。

目前，将煤制乙二醇成功应用于聚酯生产是一个全球性的课题，各国都在努力将煤制乙二醇合成聚酯，并实现工业化。遗憾的是，煤制乙二醇的产品质量还不能完全满足聚酯工厂的要求。要用煤炭制乙二醇生产聚酯纤维，然后制造出适合穿着的衣服，人类还有很长的路要走，还有待科学家们进一步研发。

我们也应该看到，煤制乙二醇技术在不断进步中，技术也日益成熟，成本不断下降，产品质量不断提高，并且逐渐得到下游聚酯行业的认可。相信不久的将来，通过提升催化剂性能、优化工艺系统等，煤制乙二醇的质量一定可以与石油制乙二

 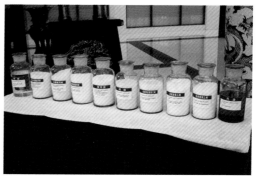

▲ 国家能源集团低碳院低碳醇装置　　▲ 煤化工产品

醇相媲美。

　　留点遗憾，也许就是为了让我们更好地前行。

　　万物皆有源，皆可溯源。

　　溯源，是实事求是地刨根问底，而不是以"蝴蝶效应""莫须有"之类的借口来搪塞。

　　燃烧和发电只是煤炭的一部分，气化、液化为人类开启了煤炭用途的又一扇大门。随着乌金王国的壮大，乙醇、烯烃、费托蜡、乙二醇等煤制品纷纷进入到了我们的生活，但这也不过是煤炭世界里的一个角落而已。

　　煤炭对我们生活的影响是切切实实的，煤炭带给我们的产品是看得见、摸得着的。只要我们稍加留意，很容易就可以通过溯源的方法找出我们身边的煤炭来。

　　寻找生活中的煤炭，发现煤炭和我们的联系，人类和煤炭之间于是又多了一重理解和包容。

第七章
乌金王国的未来

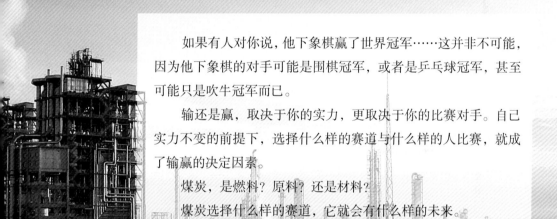

　　如果有人对你说，他下象棋赢了世界冠军……这并非不可能，因为他下象棋的对手可能是围棋冠军，或者是乒乓球冠军，甚至可能只是吹牛冠军而已。

　　输还是赢，取决于你的实力，更取决于你的比赛对手。自己实力不变的前提下，选择什么样的赛道与什么样的人比赛，就成了输赢的决定因素。

　　煤炭，是燃料？原料？还是材料？

　　煤炭选择什么样的赛道，它就会有什么样的未来。

▲ 石油开采设备

奔跑在燃料王国的赛道上

煤炭用作燃料的历史十分悠久。在能源赛道上，煤炭可算得上是一位资深参赛者，并且还是一位实力派的竞争者，始终保持在第一梯队，紧逼领头的石油。

尾随煤炭的是天然气，然后就是核能、水能等老对手，以及风能、太阳能、海洋能、氢能、生物质能等新入群的参赛者。

在能源赛道上，煤炭能否保持领先地位，甚至超越石油一举夺冠？

答案，也许就在煤炭的对手里。

时间是石油和天然气面对的坎

石油是一种黏稠的、深褐色液体，被称为"工业的血液"，可用于生产汽油和柴油等车用燃料、航空煤油、车用或机用润滑油、沥青、塑料、合成橡胶、医药、化妆品等。

天然气是自然界中存在的一类可燃性气体，其主要成分是烷烃，其中甲烷占绝大多数，几乎不含硫、粉尘和其他有害物质，是一种洁净环保的优质能源。

从全球来看，石油、煤炭、天然气是能源赛道上排名前三位的资源。其中石油占比最高达 33%，煤炭占比 28%，天然气占比 24%。在亚洲，这几大能源的形势又有些不同，煤炭约占亚洲能源结构的 50%。在中国，则更是"富煤、贫油、少气"，煤炭比石油和天然气的地盘要大得多。

和煤炭比较，石油与天然气是在很多方面领先的优等生。然而，时间是煤炭的朋友，却是石油和天然气要面对的坎。按照目前化石能源的产量计算，石油和天然气还可以开采约 50 年，煤炭则大约还可以开采 150 年。也就是说，按当前这种模式，50 年以后，石油和天然气退役了，煤炭仍可以在能源赛道上奔跑。

水能，传统队伍里的劳模

水能是指水体的动能、势能和压力能等能量，是一种可再生、无污染的能源，主要用于水力发电。用水能发电的工厂称为水力发电厂，又称水电站。

水力发电利用的主要是蕴藏在水体中的位能。江河湖泊等位于高处的水流至低处，减少的位能可以转换成为水轮机的动能，推动发电机产生电能。为了更好地利用水能，人类往往要修建一些大坝和水库，用以集中水流落差和调节水的流量。

▲ 水力发电

中国的水力资源十分丰富，中国人想方设法地对其进行利用，在中国大地上修建了各种各样的大坝和水库，兴建了很多大大小小的水电站，为我们提供源源不断的电能。

三峡水电站，即长江三峡水利枢纽工程，又称三峡工程，是目前世界上规模最大的水电站和清洁能源基地。三峡水电站1992年获得全国人民代表大会批准建设，1994年正式动工，2003年开始蓄水发电，2009年才全部完工。三峡水电站的大坝高程185米，蓄水高程175米，水库长2335米，总投资954.6亿人民币，安装了32台70万千瓦的水电机组，装机容量高达2240万千瓦。

水电站虽然投资较大，可能会对环境造成一定的影响，但是在水资源丰富的国家和地区，兴建水电站不但可以发电，还可以用于防洪、航运，是一个性价比较高的选择。

有阳光的地方就有太阳能

太阳能是指太阳的热辐射能，其主要表现是太阳光线。

太阳可以说是地球的能量之源、生命之源。地球上几乎所有生物都必须依赖太阳所提供的能量生存。地球上的生物系统就是一个不断地对太阳能进行吸收、转化、储存、转移的系统。例如，煤炭其实就是亿万年前古代的植物吸收了太阳的能量储存起来的结果；我们所熟悉的太阳能热水器，在中国到处可以见到它的身影，利用的也是太阳能。

太阳能光伏发电，是现代人类利用太阳能的一个重大成果。

▲ 国家能源集团国华投资乌漫光伏电站　　▲ 国家能源集团低碳院微纳网示范区

1839 年，法国科学家埃德蒙·贝克勒尔（Edmond Becqurel）发现了光照能使半导体材料的不同部位之间产生电位差，这种现象后来被称为"光生伏特效应"，简称"光伏效应"。1954 年，美国贝尔实验室首次研制出了实用的单晶硅太阳电池，将太阳光能转换为电能的光伏发电技术就此诞生了。

太阳能光伏发电主要利用太阳能电池阵以及其他设备完成能量转换，是一种新能源。该系统主要包括太阳能电池阵、蓄电池、控制器、逆变器等几个部分。随着人类社会的发展，对能源，尤其是对清洁的可再生能源的需求越来越多，太阳能光伏发电逐渐走上了快车道。

近年来，中国大力推广太阳能光伏发电，按照技术进步、成本降低、扩大市场、完善体系的原则，全面推进太阳能多方式、多元化利用。目前，中国的光伏产业已成为具有国际竞争力的优势产业。

太阳能的环境成本低廉。它不仅不受地域环境的限制，而且无排放、无噪声，是一种取之不尽的可再生能源，完全满足人类对保护环境和发展进步的需求。太阳能的这些优势，正是煤炭的弱项。

风能，你在等风来吗

空气的流动形成风，风能是地球表面大量空气流动所产生的动能。空气的流速

▲ 夕阳下的风机

越大，其动能就越大。我们可以利用风车，将风的动能转化为旋转的动作推动发电机产生电力。

人类利用风能的历史悠久，最早可追溯到公元前。利用风能的风车最早出现在波斯，后来传入欧洲得以推广。在中国古代，人们也曾建造各种风车用来碾米磨面、提水灌溉等。20 世纪 70 年代中期以后，风能的开发利用被列入了中国第六个五年计划的国家重点项目，加快了发展的速度。

和水能有些类似，风能是一种可再生能源。哪里有风，我们就可以在哪里使用风力发电。目前，风电的开发技术已很成熟，成本低廉且社会效益高，不但永不枯竭而且没有污染。如果以环境保护、可持续性这些作评分标准，煤炭确实比不过太阳能和风能。

如今，世界各国对清洁能源的发展已经形成了共识，不断地加大对太阳能、风能这些新能源的开发和利用。2020 年，中国继续深入推进风电、光伏发电平价上网以及实施国家补贴项目竞争配置的相关政策，清洁发电装机容量从 2012 年的 3.89 亿千瓦增长到了 2020 年的 11.06 亿千瓦左右，年平均增长率达 13.9%。

核能一出，天下惊

核能是通过核反应从原子核释放的能量。核能可以通过三种核反应方式来释放其能量：核裂变、核聚变和核衰变。

核能的发现和利用，经历了许多科学家前赴后继的努力，包括著名的科学家阿尔伯特·爱因斯坦（Albert Einstein）、玛丽·居里（Marie Curie，即居里夫人）等。1942 年，美国芝加哥大学成功启动了世界上第一座核反应堆。1945 年，苏联建成了世界上第一座核电站。

目前，核能发电是利用了核反应堆中可裂变材料进行裂变反应所释放的裂变能。与煤炭比较，核能具有低排放、低污染的优点。最厉害的是，核能的能量密度比化石燃料要高出几百万倍，且燃料成本极其低廉。

然而，核电安全是人类最关心的问题。核能电厂一旦发生安全事故造成核污染，其危害是致命的。1986 年 4 月 26 日，苏联切尔诺贝利核电站发生核反应堆事故，造成大量人员伤亡，乌克兰、白俄罗斯、俄罗斯等地以及欧洲各国的大量地区遭到辐射物污染，生态环境被严重破坏。

但是，获取核能的方式除了核裂变外，还有一个名叫核聚变的"大咖"。核聚变是一种更友善的核反应形式，释放的能量比核裂变更大，而且没有高端核废料，不会对环境造成污染。而地球上可用来进行核聚变的燃料十分充足，足以满足人类未来几十亿年对能源的需要。

当可控核聚变技术开发成功，并且应用到核电厂发电，人类的能源结构将会发生翻天覆地的变化，煤炭、石油、天然气等化石能源将无法与之比拟。

作为人类未来能源的核聚变是一个潜在的对手，我们不知它何时会走上赛道，只知道它终究会出现，一旦出现，很可能就是人类能源赛道上的胜利者。

▲ 国家能源集团神东煤炭综采工作面

煤炭的胜算几何

面对石油、天然气、太阳能、风能、水能，还有氢能、生物质能、地热能、海洋能等，甚至还有那些不知什么时候从什么地方突然冒出来的老对手们、新能源们，煤炭应该怎么办？

经核算，2019 年，中国一次能源生产总量达 39.7 亿吨标准煤，为世界能源生产第一大国。同年，煤炭消费占能源消费总量的比重为 57.7%，比 2012 年降低 10.8 个百分点；天然气、水电、核能、风能等清洁能源消费量占能源消费总量比重达 15.3%，比 2012 年提高 5.6 个百分点。

从数据可以看出，至少到目前为止，煤炭的地位还是稳固的，仍是中国保障

▲ 国家能源集团神东煤炭

▲ 国家能源集团神东煤炭调度控制室

能源供应的基础能源，但是新能源们也在奋起直追，越追越近。

煤炭的自我革命

　　能源赛道上的参赛者在变，赛道本身也在变。包括煤炭在内，那些制造污染的参赛者已经被亮了黄牌，不得不修正自己的跑姿，降低奔跑的速度。而且，一旦人类发现环境再也承载不了它们的污染，例如全球气候变暖无法控制，或者海平面上升已经危及人类生存，人类就不得不让它们红牌出局。

　　清洁低碳是新时代的能源理念，是能源发展的主导方向。在可以预见的未来，如果煤炭不能解决燃烧中的污染问题，它退出能源赛道是早晚的事情。

　　因循守旧没有出路，煤炭如果始终留恋过去的成就，就不可能创造出新的辉煌。

　　煤炭需要革命，但不是要革煤炭的命。

　　煤炭想不被革了命，就要进行自我革命。

　　乌金王国就是要通过不断的自我革命，来完成一次又一次的亮丽转身，去不断地战胜各种挑战和困难。

革命，从智慧煤矿开始

　　人工智能是个炙手可热的新科技，煤炭能否搭上人工智能的快车呢？答案当然是肯定的。

▲ 数字化综采工作面

▲ 现代化综采工作面

通过人工智能，可以对矿山各种作业场所中的音频、视频、传感器数据进行实时分析，实时监控机器运行状态、人员操作情况、工作进度、环境指标等各项业务的量化指标，及时进行分析和处理。

通过 5G 技术，在煤矿开采时可以实现万物互联互通，达到智能化无人开采。利用高可靠、低延迟的 5G 技术，可搭建矿井 5G 通信网络，使采煤机的速度、姿态、识别等动作和判断都可以通过一系列逻辑控制程序来完成。5G 技术的毫秒级时延，可以满足井下无人驾驶对无线网络的高质量要求，使煤矿开采作业的设备运行更加精准可靠。

2019 年 4 月，中国煤炭科学研究院、华为技术有限公司、精英数智科技股份有限公司等单位针对煤炭安全生产，提出共同开发"煤炭大脑"平台。信息、通信、煤炭科研等各界联手开发的这套人工智能整体解决方案，基于云计算、大数据、人工智能等高新科技，在勘探、掘进、运输、运维、安全等各个方面对采矿进行数字化、智能化管理，对煤矿安全生产和转型升级有着重要的作用。

人工智能煤矿离我们并不遥远。按照国家《关于加快煤矿智能化发展的指导意见》，2035 年各类煤矿基本实现智能化，构建多产业链、多系统集成的煤矿智能化系统、建成智能感知、智能决策、自动执行的煤矿智能化体系。

当煤矿实现了人工智能无人开采，矿工无须深入到地底下就可以将煤炭开采出来，不但提高了生产效率，减少了环境污染，还能够最大限度地保护采矿工人的人身安全。

▲ 国家能源集团煤直接液化装置

煤炭的原料赛道

与其在能源赛道上一条道走到黑，还不如选择另一条赛道延续辉煌。煤化工，就是煤炭派往另一条赛道参赛的选手。

原料是指经过加工制造就可以转化为产品的材料。矿产品、农产品等都可用作原料。煤炭就是我们最重要的化工原料来源之一。

煤炭资源是不可再生的，如果只将煤炭用于燃烧发热，那对煤炭无疑是最大的浪费。真正体现煤炭价值的是用作化工原料。当煤炭被用于化工原料时，其各种价值会被淋漓尽致地挖掘出来，而且可以将对环境的影响降至最低。

在原料赛道上，石油仍是煤炭的最有力竞争者，它们俩正在不断地为我们提供用途广泛的化工原料，而能源赛道上的太阳能、氢能、风能等竞争者对此只能望尘莫及。

在煤炭所建立的原料王国里，焦化、液化、气化等各种工艺技术是王国的"国之柱石"，乙醇、费托蜡、烯烃、乙二醇等产品都是王国的"国之重器"。通过煤化工对煤炭进行深加工，乌金王国将其疆域扩展到了生产清洁燃料、提质、分质分级利用、煤基热联产等诸多领域，在医药、电子、建材、食品、服装、冶炼、农业、航空、航天等各个行业都占有一席之地。

中国"富煤、贫油、少气"的资源格局，决定了我们不能将希望寄托在石油和天然气身上。精打细算利用好煤炭资源，依靠煤化工发展煤炭的化工原料产业，生产出更多更丰富的产品，这将是我们的最优选择。

　　经过人类多年的潜心经营，煤炭的原料王国已经很庞大、辉煌，但还具备着极大的发展潜力和上升空间。更多技术有待我们去开发，实现煤炭的高端化、多元化、低碳化利用，实现煤炭资源的绿色低碳发展，并且更加符合碳达峰、碳中和的要求。

　　到原料赛道去，煤炭的前景极为广阔，取胜的概率大增。

新材料赛道上的活性炭

　　除了能源和原料赛道，煤炭还可以另辟蹊径，到材料赛道上小试牛刀。在材料赛道，煤炭其实并非新手。早在新石器时代以前，煤炭就被人类作为材料制成煤雕。长远来看，煤炭变身为含碳新材料是一种大势所趋。目前，技术已经很成熟并且广泛应用的煤基材料是活性炭。

　　活性炭是一种黑色多孔的固体炭质，可以用煤炭经粉碎、成型或用均匀的煤粒经炭化、活化生产。煤基活性炭是中国产量最大的活性炭产品，它的机械强度大，化学稳定性高，具有很强的吸附性能，可用作吸附剂，在饮用水深度净化、废水处理、空气净化、医药、食品、汽车等行业的需求量极大，在催化、贵金属提炼回收、航天、生命科学等领域也有广泛应用。例如，我们日常的自来水过滤器中就有活性炭滤芯，可以过滤掉自来水中的杂质。

　　除了煤基活性炭，中国生产的煤基炭材料主要还包括炭块、电极炭和碳分子筛。炭块是被大量用于冶金的炭质耐火材料，煤基电极炭材料可用于铁合金、电石、黄磷等生产时的电阻炉的电极，碳分子筛则可以用于空分制氮、催化、食品

▲ 活性炭

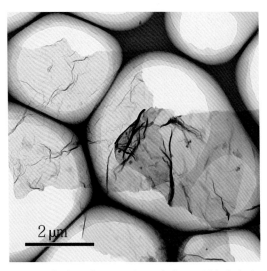

2 μm

▲ 国家能源集团低碳院煤基石墨烯透射电镜检测结果

卫生、焦炉气中氢气的回收、氢气和甲烷的分离、色谱柱填料等多个方面。

材料新贵——石墨烯

石墨烯是已知强度最高的材料之一，是一种新兴的二维纳米材料，可以用于生产传感器、晶体管、柔性显示屏、新能源电池、感光元件等高科技产品，应用在海水淡化、基础科研、航空航天、复合材料等领域，为各行业带来革命性的进步，被誉为"21世纪革命性材料"。

例如，我们现在逐渐兴起的新能源车。汽车不用加油，充电即可行驶，既省钱又环保。然而，新能源车的电池是个瓶颈，充一次电往往要耗费几个小时，充满了最多也就能跑个几百千米，万一跑长途时汽车没电了，那麻烦就很大。如果使用石墨烯电池，不但充电时间短，而且续航里程长，"充电10分钟能跑1000千米"将不再是梦想。

生产石墨烯的原料多为天然石墨。如今，我们已开发出了利用煤炭生产石墨烯的技术，通过高温石墨化过程得到煤基石墨，然后通过化学剥离生产出石墨烯。

用煤炭生产石墨烯，主要是利用了煤炭在高温下进行石墨化的原理。煤大分子结构中芳香稠环在隔绝空气的热解过程中会通过缩合、脱氢除氧、消除非碳杂质等过程，形成类似石墨晶体的层平面堆叠结构的特性。

煤炭是一种低价的高碳资源，我们通过物理或者化学方法生产出石墨烯及其化合物，变成高附加值的煤基新材料，实现煤炭的清洁高效利用，这将是一场伟大的材料革命。虽然用煤炭生产出高质量、低成本、大规模的石墨烯还是一个有待解决的难题，但是科学家已经取得了很大的进展。如果开发成功，推广使用，煤基石墨烯作为材料赛道上的新贵，必将引领时代的变革，改变煤炭的命运。

在新材料赛道上，煤炭家族并非只有活性炭和石墨烯在奔跑。量子点、电池电极材料、光伏材料、超级电容器材料、储能材料、碳纤维、碳纳米材料、塑料复合材料、

3D 打印材料、泡沫炭、碳化硅、碳化硅泡沫陶瓷等一系列充满活力的新材料，都可以来自乌金王国。

煤炭的未来，中国的未来，人类的未来

2021 年 9 月 13 日，习近平总书记在国家能源集团榆林化工有限公司视察时强调：能源产业要继续发展，否则不足以支撑国家现代化。煤炭能源发展要转化升级，走绿色低碳发展的道路。这样既不会超出资源、能源、环境的极限，又有利于实现碳达峰、碳中和目标，适应建设人类命运共同体的要求，把我们的地球家园呵护好。

虽说穷则思变，但是我们未到穷尽时就应该及早思变。在煤炭事业还在如日中天之时，我们就应该思考到它的未来。无论是用作燃料，还是用作原料和材料，煤炭都需要自我革命，需要不断地创造出新技术、新工艺，需要更高的效率和更洁净、更环保，需要更好地与人类携手并进。

绿色低碳的高质量发展道路，是人类文明的必然选择。二氧化碳排放力争于 2030 年前达到峰值，努力争取 2060 年前实现碳中和，是中国的承诺。习近平总书记说："实现这个目标，中国需要付出极其艰巨的努力。我们认为，只要是对全人类有益的事情，中国就应该义不容辞地做，并且做好。"

无论是为了煤炭的未来，还是为了中国的未来，为了人类的未来，煤炭这个乌金王国都要进行一次翻天覆地的自我革命，洁净其燃烧，提高其效率，降低其排放，拓宽其用途，从而完成它从一个燃料王国到原料王国、材料王国的蜕变。

我们相信，当碳达峰、碳中和目标得以实现，当中华民族复兴崛起，煤炭依然可以笑傲于各种资源赛道，乌金王国将会更加友善、更加富强。

▲ 崭新的一天